素顔の日本陸軍

～六つのエピソード～

Yazawa Hajime
矢澤 元

風詠社

はじめに

昭和二〇年、一九四五年まで大日本帝国には陸海軍があった。いや、正確には昭和二〇年一一月の陸軍省、海軍省の解体まであった、というべきか。それはさておき、どちらに人気があったか、現在でも人気があるか、といったら日本陸軍ではなく、圧倒的に帝国海軍であろう。戦前、男の子に「大きくなったら何になりたい？」と訊くと、答えは決まって「聯合艦隊司令長官！」だったそうだ。ネイヴィーブルーの第一種軍装（冬）、純白の第二種軍装（夏）は「スマートで、目先が利いて几帳面、負けじ魂これぞ船乗り」で、泥臭いカーキ色の日本陸軍に比べたらカッコ良い。

ドイツは陸軍《ヘーア》に圧倒的に人気があるのに、なぜだろう。軍服の色がフェルトグラウなのは、ドイツ陸軍が接近戦を都市部と想定していたからだろう。しかし、中国大陸を主戦場と想定していた日本陸軍はカーキ色にしなければ景色に溶け込めない。現に、日露戦争の中盤から、それまでの濃紺をカーキに変更したではないか。デザインは、昭五式までの立て襟（詰襟）から九八式で折り襟（シャツカラー）になり、ドイツのものに似てきた。ただし、肩章は付かず、襟も同色である。変更の理由は、決してドイツに似せたのではなく、満州事変のころ、背嚢を背負って行軍する際に、襟が首に食い込んで痛い、ただれる、という不都合があったためである。

そのドイツで褐色といったら、ナチ党の勤務服、突撃隊《シュトゥルム・アブタイルンク》（ＳＡ）の制服でこちらは日本でも全く人気がない。ではナチ嫌いなので陸軍か、というと別に政治的な思惑は全くなく、黒服の一般親衛隊《アルゲマイネSS》でも、陸軍と同じフェルトグラウや迷彩スモックの武装親衛隊《ヴァッフェンSS》でも、単にカッコ良いからだと思う。

カッコ悪いが合理的？

ドイツと比べたら、将校・下士官が軍刀を吊っている時代錯誤、他国にない戦闘帽の帽垂れ、ブーツでなく巻脚絆（ゲートル）等々も思い浮かぶ。が、ドイツ陸軍将校も正装時にはサーベルを吊るし、パレード時には抜き身の刀を構える。これは敵に対してではなく、指揮下の部隊に対して「命令に従わないものはその場でぶった斬るぞ」という指揮官の姿勢を表しているのである。突撃時に将校や下士官が抜刀して先頭に立つのは、指揮をするシンボルが刀だからなのだ。ドイツ将校は、普通は拳銃しか携行していない。拳銃が戦争で有効な武器にならないのは、ＦＢＩの統計で、アメリカにおける拳銃による銃撃戦の平均距離がたったの九メートルしかなかったことからも明らかである。戦場で敵の顔が見えるような距離での撃ち合いはまれだったというのが本当ならば、指揮刀も拳銃もあまり変わりがない。長くて重い軍刀を常に刀帯に吊っていなければならないのは邪魔であっただろうが。

次に帽垂れだが、これは昭和一三年（一九三八年）に制式化されたようで、それまではハンカチを戦闘帽の後ろに挟んだりしていたらしい。先祖は、戦国時代の足軽たちが陣笠に付けた、日除け布であろうか。他国軍にはよほど強いインパクトを与えた姿らしく、外国映画に登場する日本兵は、必ずと言ってよいほど帽垂れを付けている。筆者は、これのレプリカを、これまた中田商店で買ったレプリカの戦闘帽に付けてみた。糸で輪を作り、そこへ帽垂れのコハゼをひっかけるのである。中央は、戦闘帽のサイズ調整用の紐で止める。これでコハゼが外れても飛んで行ってしまうことはない。

で、わかったことは、非常に薄い布でできた帽垂れは、風が来ればそよぎ、全く重さやまとわりつき感で負担になることはない。八月最終日曜日の総合火力演習のように、強い陽に長時間さらされるところでは、首筋を直射日光から効果的に守ってくれて、疲れが少なくて済む。風土に合った、とても合理的な装備だと感心した次第である。その風体のまま、駐車場で交通整理していた若い自衛官の方に「ご苦労さまでした！」と声をかけたら、気ヲ付ケの敬礼とともに「ご来場ありがとうございました！」という元気のよい返事が返ってきたのはご愛嬌。

この総火演の前、八月一五日、炎天下の靖国神社でのできごと。正午前に境内に入ってから拝殿までの長い列に並んでいる間、帽垂れ付きの戦闘帽を被っていた。ユニクロの薄いカーキ色の開襟シャツ、米軍のM65ODパンツ、NBのスニーカー、ベルギー軍の図嚢というワケのわからない恰好である。参拝し、朱印帳にご朱印をもらって、遊就館の一階で涼んでから帰ろうとした。

そして大村益次郎の銅像の手前、外苑休憩所の前あたりで大鳥居の方から左わきにシュタールヘルムを抱えたドイツ兵が小走りでやって来るのが見えたのである。「無帽だ、軍規違反だな」と思う間に、すれ違いざま挙手の礼をされてしまった。どこの軍隊も無帽で挙手の礼をしてはいけない（アメリカは違うようだ）のだが、それを注意する間もなく、思わず答礼してしまった……こちらは戦闘帽以外は日本軍でないというメチャクチャな組み合わせでしかもスニーカー、向こうは上から下までドイツ陸軍の制服にブーツ姿。日本より三ヶ月も前に降伏したはずなのにどうして靖国神社にドイツ兵が現れるのかはともかくとして、帽垂れのためにレプリカ日本兵に見えたのは間違いない。

来たときは境内で戦闘帽を被ったのだが、帰りはあまりの日差しの強さにそのまま靖国通りへ出てしまった。しばらく行くと、完全装備の機動隊員が寄ってきて、「今日はどちらまで?」と質問され、「古賀書店（音楽書専門の古本屋）へ寄って、楽器屋を覗いて御茶ノ水駅まで」と答えると、「所属は?」ときた。「所属? 勤務先のことですか?」というと、「そうじゃなくて所属は?」と同じ質問。「???」「××じゃないんですか?」「違います。ああ、これ? あまり暑いんで。でも、戦闘帽も艦内帽も遊就館の売店で売ってるじゃあないですか。そこらの子供も被ってますよ」とは言ったものの、帽垂れのせいで疑われていることは確実だ。それほど目立つなら脱ぐしかあるまい。戦闘帽を取って図嚢にしまうと、機動隊員はそのまま行ってしまった。

さて、巻脚絆は実際に巻いたことがないのでわからないが、脚の鬱血を防ぎ、血流を良くする効果があるそうだ。自動貨車（トラック）や半装軌車（ハーフトラック）が少ない、日本の歩兵は文字通り歩く兵隊であり、戦時歌謡『麦と兵隊』で有名な徐州会戦では、数百キロを徒歩で移動している。日本軍も将校は乗馬するので革長靴だが、場合によって巻脚絆や革脚絆を用いており、歩くには長靴は適さない、と諒解していたようである。ドイツ軍でも、エーデルヴァイスの部隊章を付けた山岳猟兵《ゲビルクス・イェーガー》は、脚の負担を軽減するため巻脚絆を採用している。一九四〇年（昭和一五年）四月にナルヴィクを攻略したエドゥアルト・ディートル中将指揮する第三山岳兵師団のゲートル姿を野暮ったいとは言うまい。

このように、見た目はドイツ陸軍や武装親衛隊とくらべて日本陸軍は多少（?）カッコ悪いかも知れないが、それには一応、合理的な理由があるのである。

初年兵イジメは陸軍の専売特許ではない

では、Liberalな海軍、Feudalな陸軍という印象が強いからだろうか。「中村～ッ！ボケッ、カスッ、この役立たず！」というイジメのイメージを誰もが持っているからだろうか。筆者は、陸海軍のイメージは、徴兵制と関係があると考えている。支那事変前の日本では、陸軍の現役兵徴集数は一〇万名、海軍は一万名で半数以上が志願兵。徴集対象人口は五〇万名だったので、二〇歳に到達した男子のうち二〇パーセントが入営したことになる。平時に現役兵が徴集対象の二〇パーセント程度だったのは、それより多くの兵士を入れる師団を養う金が無かったからである。平時の徴兵制が無かったイギリスやアメリカを除き、徴兵制を実施していた先進国の中では、日本の二〇パーセントというのは非常に低率だったが、そこにはビンボーだった、という側面があるのだ。

日本陸軍の徴兵はどのように行われていたか、というと、二〇歳に達した男子は、兵役法により徴兵検査を受ける義務があった。四月一六日から七月三一日にかけて

©Motofumi Kobayashi『ハッピータイガー』より

各自の本籍地で行われる徴兵検査は、聯隊区司令部から派遣された徴兵官（佐官級の陸軍将校）により統括された。海軍は志願制が主だが、不足人員は徴兵で補っており、その徴兵検査も陸軍に委託されていた。聯隊区とは区域内の徴兵・召集・在郷軍人会に関する事務を所掌する陸軍の管区であり、その司令官には中将または少将が当てられた。

徴兵検査に合格すると、その年の一〇月ころに、入営する聯隊のある聯隊区司令官から、本籍地の役場を経由して「現役兵証書」が送られてくる。

現役兵に送付されるものは、いわゆる「赤紙」ではない。赤紙とは臨時召集令状のことで、有事により現役兵だけでは兵力が足りなくなった場合、予備役（現役終了後一五年四ヶ月）、国民兵（四〇歳まで、昭和一八年〈一九四三年〉からは四五歳まで）を召集するものである。市町村自治体の兵事担当部署が兵役にある者を名簿に記入して掌握し、年度の徴募計画に従って召集令状をあらかじめ作成、警察署の金庫に保管していた。これにより、動員令がくだると、兵事担当者はすぐさま本人に臨時召集令状を届けることができるのである。

なお、召集の種類によって令状用紙の色が異なり、臨時召集令状は赤いので、「赤紙」と俗称されていた。召集令状のうち、教育召集は「白紙」、防衛召集は「青紙」と呼ばれた。兵隊たちは、自虐的に自分達の命を葉書の値段「一銭五厘」と称していた（「兵を損なわないこと」を真っ先に教育された将校や下士官が、こう言うことはあり得なかっただろう）。しかし、現実には葉書一枚の臨時召集令状は存在しない。召集令状は市町村役場の兵事係が本人宅を訪れ本人へ、不在の場合は親族へ、手渡すことが鉄則であった。

聯隊への入営日は、近衛歩兵聯隊が一二月一日、第一九・第二〇師団が一二月一〇日、その他の師団が翌年一月一〇日であった。第一九・第二〇師団はともに大正四年（一九一五年）創設の、朝鮮警備師団である。朝鮮人の徴兵は昭和一九年（一九四四年）に初めて行われたが、これらの兵は訓練中に終戦となっており、両師団の実際の人員補充は日本内地から行われた。近衛、在朝鮮師団の例外を除き、日本全国で一月一〇日、一斉に新兵の聯隊への入営が行われた。現在のように人の移動が多くない時代、同じ小学校を卒業した男子の、五人に一人が同じ営門をくぐったのである。そこにいる二年兵も同郷の一歳上で顔見知りもいただろう。

軍隊は競争で動き、順位で評価される。実戦はもちろん、演習であれ、〇〇競技会であれ、一番になることが第一目標である。おらが土地の聯隊がどこそこに一番乗りを果たした、演習で勝った、競技会で一位になった、というのはそこに兵隊を出している地元にとっては、今では考えられないほど身近な話なのだ。弱いという根拠もなく、「またも負けたか八聯隊、それじゃ勲章九聯隊《くれんたい》」と里謡に唄われた、大阪の歩兵第八聯隊と京都の歩兵第九聯隊はさぞ悔しかったであろう。

聯隊は地元の誇りであり、生まれ育ったほとんどの壮丁は地元で入営し、満期除隊したら除隊記念の杯などを知り合いに配る。そして初年兵の時にどんなに苦労したかを話すだろう。その数は海軍の一〇倍であるから、当然「(陸軍の) 兵役は大変だ」となる。一方で、軍旗祭などでは、仮装行列や模擬店を出して地元と交流しているから、軍に対する親近感は今の自衛隊に対するものの比ではない。筆者の祖父は高崎の寺の住職だった。あるとき歩兵第一五聯隊の演習中に兵隊がこっそりやってきて、祖母に「すみません、水を一杯ください」と頼むので、井戸水を汲んで渡すとうまそうに飲み、「ありがとうございました、黙っておいてください」と言い残して急いで走り去って行ったという。この歩兵第一五聯隊の第二・第三大隊はペリリューで玉砕している。

超難関の陸軍士官学校・海軍兵学校を目指すのでなければ、本籍地の陸軍の聯隊に入営するのが当たり前だったから、子供の戦争ゴッコも陸軍で、海軍ではない。進路決定年齢になって陸士・海兵のどちらに人気があったかは、陸軍は幼年学校からあるので、単純な比較はできない。が、海兵の昭和九年（一九三四年）～昭和一三年（一九三八年）の入試倍率は二〇倍で、陸士・海兵両方に合格した場合は、海兵に行くケースの方が多かったという。理由は、海軍は陸軍より進級が早い、基本の年俸は同じでも、航海加俸などで手取りが増える、というようなことがあったらしい。

将校のタマゴになるのであれば、どうやら海軍の方に分があったようだ。阿川弘之著『海軍こぼれ話』に、浅草でニセ海軍士官が捕まったという話が載っている。

粋な海軍中尉さんに身をやつし、本人は本物そっくりに化けたつもりで、活動写真の看板を見上げていた。その様子をジッと観察していた交番の巡査部長が、靴のかかとが磨いてないのを不審に思い、ちょうど通りかかった憲兵に「あすこで看板を見ている海軍中尉、にせものだと思うんだが」と耳打ちした。憲兵は挙手の礼をした上で、「ちょっと伺いますが」と海軍中尉に近寄っていった。結果はやはりにせものであった。

多少説明がいる。海軍には憲兵隊がなく、陸軍の憲兵は海軍兵に対して権限を行使することが認められていた。靴のかかとが磨いてない、というのは、帝国海軍の将校・下士官・兵は、ピカピカに靴を磨き上げているのが常識で、つま先だけ磨いて、かかとが汚い靴を履いていることはありえない、という意味である。それはともかく、女を引っ掛けるつもりだったのか、詐欺でもするつもりだったのかわからないが、海軍士官は化けるに値するものだったのだろう。

では、兵隊はどうだったかというと、イギリス海軍に範を取った帝国海軍は、国情の違いを無視して、全て取り入れてしまった。近世までのイギリス海軍では、士官は貴族階級であり、水兵は街中から強制徴募（拉致のようなもの）された浮浪者やゴロツキだった。そのため、士官が水兵を殴るのは当然であり、帆船映画で見られる鞭打ちや船底を潜らせるような制裁が行われていた。海兵隊も、役割の起源の一つは水兵に対する監視、督戦であり、戦闘中に持ち場を離れた水兵を射殺する権限も与えられていた。

しかし、帝国海軍の水兵はほとんどが志願であり、殴って言うことをきかせる必要などなかったはずだ。にもかかわらず、「海軍精神注入棒」と呼ばれた堅い樫棒で尻を殴打するシゴキが行われた。これを見た陸軍将校は「海軍とはなんて野蛮なところなんだ、下士官に制度として棍棒で兵隊を殴打させている」と批判した。当然ながら鉄拳制裁もあり、海軍ではこれを「修正」と呼んだ。海兵団での対抗ビンタも行われていた。そういえば、言葉遣いも、海軍は将校でも「貴様」、陸軍は「貴公」だったので、どうしても海軍の方が乱暴に聞こえる。

陸軍の内務班でも古兵が初年兵に対してビンタ、自転車こぎ（両手で体を浮かせ、足を空中で自転車をこぐように回す）、うぐいすの谷渡り（寝台の下を潜り抜けてホーホケキョ、次の寝台を飛び越えてホーホケキョ……）、セミ（柱にしがみついてミーン、ミーン……）、捧げ銃（小銃の手入れを怠ったときなどに「三八式歩兵銃殿、〇〇二等兵は本日手入れを怠りました。自分は軍人としての恥を知りました」と大声で言い、良し、といわれるまで捧げ銃の姿勢を保つ）などの私的制裁を加えていたが、ビンタを除けば少し前の体育会系にもありそうだ。

アメリカ海兵隊のしごきは、「三八式歩兵銃殿……」どころではない。射撃に関するヘマをやると、銃の遊底を引いて、そこへ舌を入れさせる。遊底が戻ると、舌が千切れないまでも、一週間は食事もできなくなる。軽い罰なら腕立て伏せだが、完全軍装のまま何十回も片腕伏せをやらされ、途中でへばると、下士官のピカピカに磨き上げたコンバットシューズでめちゃくちゃな蹴りを入れられ、ようやく立ち上がると強烈なパンチが飛んでくる。(『最強部隊入門』藤井久ほか著)

また、将校が貴族だったイギリス海軍では、従僕を連れて軍艦に乗り組んでおり、帝国海軍も将校の世話係の水兵を従兵と呼んでいた。日本陸軍では当番兵であり、これからも帝国海軍将校の特権意識がわかる。食事も陸軍は将校から兵卒まで同じものだったのに対し、海軍将校は従兵が給仕する、兵とは全く別のもの。聯合艦隊司令部の会食ではBGMまで付き、山本長官がナイフとフォークを取った瞬間に軍楽隊の奏楽が始まったという。

帝国海軍の複雑な士官制度

帝国海軍で将校とされたのは、海軍兵学校と海軍機関学校を卒業したものだけで、主計科や軍医科、技術科の士官は「将校相当官」であり士官ではあるが将校ではない。陸軍の場合も厳密には将校相当官だが、「各部将校(技術部、経理部、衛生部、法務部、獣医部、軍楽部)」と呼ばれたので、呼び方は将校であり、海軍のように「将校」は兵科だけで、他は「士官」ということはない。

これが陸軍と違い、海軍の士官制度をややこしくしている原因だが、さらに海軍独特の制度である「特務士官」が輪をかけて複雑にしている。陸軍は下士官から選抜されて将校に進んでも、陸士出身者と同等に扱われるが、帝国海軍では、下士官から少尉に任官した場合は「特務少尉」となる。たとえば飛行特務少尉は、「飛ぶこと」についてだけ少尉扱いしてやる、という意味で、指揮権は無かった。正確には、有事の指揮権は、兵科将校—機関科将校—兵科予備士官—機関科予備士官—兵科特務士官—機関科特務士官—主計科士官(以下略)の順で委譲されるが、五番目では無いに等しい。

この特務士官は、軍服袖口に付けられた桜章三つで、ひと目で特務とわかるようになっていた。特務士官の階級は、特務大尉(海軍では「だいい」と発音。大佐も「だいさ」と発音。ちなみに中将は濁らず「ちゅうしょう」と発音)までで、平時では毎年数名が抜擢され特選の少佐に進級した。ここでやっと指揮権が海兵出身者と同等になった。

昭和二年(一九二七年)から一六年(一九四一年)までに特選の少佐になったのは一七

八名のみ、そのうち三分の一は名誉進級（除隊日に進級、自衛隊でいうポツダム進級）または死亡特進なので、軍務に残ったのはわずか一二〇名足らずということになる。
昭和一七年（一九四二年）に階級呼称から特務がとれて、袖口の桜章もなくなり、見た目は兵学校出と同じになったが、特務士官制度そのものは存続し指揮権が無いのは変わらなかった。

特権階級の海軍将校のうちでも、前述の通り、兵科（海軍兵学校出身者）と機関科（海軍機関学校出身者）将校は指揮権が同じではなく、機関大佐と兵科の新米少尉を残して他の将校が全て戦死したような場合でも、指揮権は兵科の少尉にあった。これを同一にしようという改善案が挙げられたとき、東郷元帥は、「罐焚きどもが、まだそんなことを言っとるか！」と激怒し、決して認めようとはしなかった。昭和になってもこれだから、老害としか思えない。

本当は兵隊思いで平等意識が強かったのは日本陸軍？

海軍がどうしてこんな差別社会を維持継続できたか、について思いあたることは、「艦艇の中では、戦闘中であっても個人で携行する武器は持っていない」ということだ。戦闘中といっても、敵艦と打ち合っている状況であり、水兵も士官も、個人携行武器は必要ないから持っていない。いわば陸における大砲兵戦のようなものである。

一方、陸軍は、歩兵であろうと、砲兵であろうと、戦車兵であろうと、個人で武器を携行している。これの意味するところは、『カンプグルッペZbv』のコワルスキーや『レイド・オン・トーキョー』で八百二尉を

©Motofumi Kobayashi『カンプグルッペ Zbv』より

撃った部下のようなことをされかねない、ということだ。乱戦になって部下に味方撃ちされても、その上官がもしも憎まれているなら、一人にだけでなく、兵隊みなに憎まれているだろうから、口裏合わせをされて、犯人など見つかるはずもない。だから、陸軍の下士官や将校は、兵隊に対してあまりに無茶なことはできないのだと思う。

ドイツ映画の方（ソ連狙撃兵の話ではない）の『スターリングラード』の中に誤認で味方撃ちをやってしまった兵士に対し、古参兵が「気にするな、俺もやったことがある。

©Motofumi Kobayashi『レイド・オン・トーキョー』より

もしあいつが敵だったらお前が殺られてたんだ」と言うシーンがある。乱戦の中で起こったことを、誰も軍法会議にかけようなどとは思わないし、証拠、証言が集まらないからできないのだ。

陸軍が輸送用潜水艦「三式潜航輸送艇」を建造していた時のこと、ボイラー工場（造船所は海軍が仕切っていて使えないので、ボイラー工場で建造した）の食堂に、たまたま所用のため軍服で訪れた将校を、工場の人が特別食を出す高等官食堂に案内しようとすると、「おれはいいんだ。それより、あそこで菜っ葉服着て工員弁当食べているのは、うちの部隊長の中佐さん（潜水輸送教育隊の編成を命じられた矢野中佐）だよ」と言われて飛び上がった、という。もちろん、部隊長も連絡に来た将校も、特別室で食事などしなかった。矢野中佐によると、菜っ葉服で工場の門を入ろうとしたら、衛兵に「そこの工員、敬礼しないか！」と叱られ、敬礼して通ったという。衛兵に「俺は部隊長だぞ」などとは言わない。それは、勤務中の衛兵に恥をかかせるだけだからだ。これと比べたら、十七試艦上戦闘機「烈風《れっぷう》」開発時にエンジン選定で三菱の堀越技師ともめて、堀越技師をぶん殴った海軍将校の方がよほど野蛮である。やはり、海軍は「問答無用！」なのだ。

五・一五事件と統帥権干犯

この「問答無用!」も、昭和一三年(一九三八年)三月三日の衆議院国家総動員法委員会における佐藤賢了中佐の「黙れ!」と並んで、陸軍による名文句(?)と思っている人が少なくない。五・一五事件自体を二・二六と同じく、陸軍軍人によるものと思い込んでいる人もいる。もっとも、そそのかされた陸軍士官学校本科の候補生一一名が加わっているが、首謀者は三上海軍中尉以下、海軍中尉四名、海軍少尉二名、予備役海軍少尉一名だ。「問答無用!」は、山岸中尉の言葉だが、実際に犬養首相を撃ったのは、先に黒岩予備役少尉が腹を、次いで三上中尉がこめかみを、だった。本当は、食堂で首相を見つけた三上中尉が最初に引き金を引いたのだが、弾が装填されておらず撃鉄がカチャリと落ちただけ、という軍人にあるまじきオソマツ。

被害者の犬養毅首相は、ロンドン軍縮会議で軍令部主張の対米七割を切る六割九分七厘五毛という試案を浜口雄幸首相が受諾したことを、「統帥権干犯」という言葉で徹底的に攻撃した、時の野党、立憲政友会の総裁だ。その理屈は、憲法一二条「天皇ハ陸海軍ノ編制及常備兵額ヲ定ム」に抵触しており、浜口内閣、海軍省が対米七割を実現しないのは、天皇の大権、統帥権を侵す、というものだ。

そもそもこの対米七割という数字は、西進してくるアメリカ主力艦隊を近海で迎え撃って艦隊決戦により撃滅する、という日本海海戦の再現を前提としたもので、主唱者は秋山真之である。輸送船の護衛を軽視したのも秋山だが、艦の性能も変わってゆくのに、大艦巨砲主義のまま秋山の言う七割に固執したのは、いかにもイシアタマだ。だいたい、足りない二厘五毛というのはトン数にしたら一三〇〇トン、駆逐艦一隻分に過ぎない。国際会議で妥協を全く認めないなどということは、まだ列強に並ぶことができなかった明治時代には考えもつかず、いかに列強と協調するかを必死で考えていたものだ。

で、この「統帥権干犯」という非常に語呂の良い、立憲政友会と軍令部が飛びついた単語を作ったのは、北一輝といわれている。内務省が「統帥権」に「干犯」をつなげて天皇大権に結び付けられてはかなわん、と北に「もう使わないでくれ」と談判したところ、北は「もう、支那料理屋みたいなことは言いません」と答えた。そのこころは「登翠軒《とうすいけん》の看板」……

浜口内閣は、天皇大権を犯したと攻撃されては大変だ、と憲法の権威である東京帝国大学の美濃部達吉博士をかつぎだし「天皇は国の機関」であるという天皇機関説で弁解しようとしたが、これがさらに混迷を深め、国体明徴問題や南北朝の歴史認識にまで発展してしまった。天皇陛下御自身は「美濃部の説で良いではないか」と仰せだったというが。

結果的に革新的な青年海軍将校が決起して起こしたのが五・一五事件で、犬養は過去に自分が軍令部と一緒になって与党を攻撃するのに使った「統帥権干犯」からきた混迷の犠牲となったのだった。そしてこの統帥権干犯から始まる一連の事件は、政治に軍事の案件を持ち出して政敵を攻撃したことで、政党の地位を落とし、陸海軍に政治的軍人を生むきっかけとなってしまったのである。

精神主義の帝国海軍

この秋山真之が出した対米七割という数字を墨守、盲従したり、各国との協調が必要な場面でも全く譲歩するつもりがなかったりしたことからもわかるように、実は異常に精神主義的だったのは海軍だったのだ。たとえば零戦には搭乗員を守る防弾鋼鈑も無ければ、防弾タンクもない。しかし陸軍の一式戦「隼《はやぶさ》」には最初から両方とも装備されていて、空中勤務者の命を守ろうとしていた。海軍の理屈は、敵の弾が当たるのは攻撃精神が欠如しているからであり、そのような搭乗員は撃墜されても仕方がない、というものである。海軍は、搭乗員一人を育成するのに、どれだけの費用と時間がかかっているのか考えたことはなかったのだろうか。連合軍の評価でも、零戦と隼の見分けがつくようになってからは、「隼の方が墜ちにくかった」とされている。

海軍が非常に硬直した組織だったことは、基地での駐機にも表れている。陸軍はわざとバラバラに隠蔽して駐機し損害を最小限に止めていたが、海軍は一糸乱れぬ整列をし、何度も空襲の一撃で全滅の憂き目に遭っている。

これは一つの例だが、孤島で日本陸軍がバンザイ突撃をやる羽目になったのは、輸送が続かなかったからで、輸送船団の護衛を全くやる気が無かった海軍は自分の無能を棚に上げて、「陸軍は補給を考えていなかった」などと戦後になって言っている。

GHQが海軍からA級戦犯を出さなかった理由

今までに、兵士だった人の本を多数読んでいて、面白いことに気がついた。陸軍は、徴兵で取られて二等兵から始まった人も、下士官だった人も、陸士を出て将校だった人も、職務の差を除いたら、書いている内容にそれほど差はない。立派な上官だった人、ズボラだった上官もいて、人間的な集団に見える。兵営の生活での員数合わせの苦労、たとえばしゃもじを一つ紛失して、やむなく残った一つを縦に二つに割り、「精魂こめてよそった結果、半分に磨り減ったのであります」と言って返納し、受け取る方もわかっていながら受領するという笑い話や、某航空隊で受領予定の四式戦「疾風《はやて》」が届かず、隣の基地へ戦闘機を盗みに行く話など、兵から将校まで、苦しい中にも楽しそうな話が書かれている。

一方、海軍では、将校だった人が書いたものは、非常に快適な軍隊生活を送ったように書かれているが、兵だった人が書いたものには、将校を良く書いたものがほとんどない。ある軍艦の高角砲員だった人が書いたもので、指揮官の分隊士（海兵出の少尉だったか）が、敵が来ると小便に行ってしまい、敵が去ると戻ってきて「間に合わなかったか、無念だ」と。それがあまりにたびたび続くので、その高角砲員たちは、敵が来ると「指揮官また小便だな」と言って、心底軽蔑していた由。帝国海軍の兵と将校の間の壁を感じる。これではまともな戦闘はできなかっただろう。殴るだけで、いざ戦う場面になったら艦内に隠れているのではどうにもならない。

極東国際軍事裁判で死刑になったのは、陸軍軍人ばかりで海軍は一人もいない。開戦に最も積極的だった開戦時の軍令部総長永野修身は獄中で病死してしまったし、東條の男メカケといわれた嶋田繁太郎（開戦時の海軍大臣）も終身禁固で済んでいる。陸軍悪玉論と海軍善玉論は、戦後になって「作られた」ものであり、特にA級戦犯という勝者によって都合よくでっち上げられた罪名で裁かれたのが、廣田弘毅を除いて全て陸軍軍人だったこと、ＧＨＱが「いかに日本陸軍が悪逆非道であったか」を広め、「悪かったのは日本陸軍であり、日本国民はその被害者である」という理屈で占領政策を進めたからだろう。悪者にされた陸軍は、もともと敗軍の将だから語りたがらない。一方海軍はＧＨＱから「悪くない」というお墨付きをもらったのだから、雄弁になるのは当然。

海軍はもともと兵の数が陸軍と比べてはるかに少なく、ミッドウェーやレイテでの沈没艦の生き残りは、どこかの島に監禁してしまい、陸戦になった際に全滅しているから、銃後でそれを知る人もほとんどいなかった。戦後も大分経つまで知られていなかったと思う。帝国海軍の徹底した秘密主義と兵員が少ないことから、都合の悪い実態は隠されてきたのだと思われる。

ミッドウェーの大敗も、東條首相が知ったのは一ヶ月も経った後だし、台湾沖航空戦の「大戦果」も誤認とわかっていたのに、陸軍には何も知らせず、結果的に山下大将の第一四方面軍をルソン島からレイテ島に動かすきっかけとなり、レイテではマッカーサーの強襲で壊滅、ルソンはレイテに八万四〇〇〇の兵力を抽出されて二五万に弱体化していたため、持久戦を行うしかなかった。

思えば支那事変直前、昭和一二年（一九三七年）の兵力は陸軍二五万人、海軍一〇万人、予算は陸軍七・三億円、海軍六・八億円であった。それが根こそぎ動員後の終戦時の兵力は陸軍五四七万人、海軍一七〇万人。陸軍二二倍、海軍一七倍である。予算はもう語っても意味のないものになってしまった。とにかく、海軍の建艦費に圧迫されたビンボー陸軍であった。大東亜戦争では、油の欠乏を恐れ、開戦を急いだ海軍に引きずられた陸軍だったが、情報やレーダーの分野では進んだところも多かった。本書では、明治から初めて、あまり知られていない事実や人物のエピソードで、日本陸軍史のごく一部を紹介したいと思う。なお、エピソードの数「六」は、草創期の陸軍鎮台の数にちなんだ。鎮台とは後の師団で、師団番号順に所在地は東京、仙台、名古屋、大阪、広島、熊本である。

最後に、ご多忙の中、快くカバーイラストと本文中のイラストをお描きくださった小林源文さん、同じく本文中の多くのイラストをお引き受けくださった高橋志郎さんに心から感謝申し上げる。

平成三〇年（二〇一八年）一一月、士《さむらい》の月に

矢澤　元

目次

素顔の日本陸軍

〜六つのエピソード〜

第一章——福島少佐のシベリア単騎横断

明治の偉人、福島少佐といってても、平成三〇年（二〇一八年）になってわかる人はほとんどいないかも知れない。筆者は、小学校低学年のころ、家にあった子供向けの『図鑑日本の歴史』に、雪原を馬で疾駆するイラストとともに、「シベリアを単騎横断した福島少佐」とあったので、昭和四〇年（一九六五年）ころから知っていた。もっとも、『冒険家』と思っていただけで、諜報活動を行っていたなどとは知る由もない。明治時代、『ハッピータイガー』『東亜総統特務隊』の逆行程を一人で辿ったのは、どんな人物だったのだろうか。

福島安正は、嘉永五年九月一五日（新暦一八五二年一〇月二七日）に松本藩士福島安広の長男として生まれた。ロシア船が下田に来航した年である。翌年にはペリーが浦賀来航、清国では太平天国軍が南京を占領という不穏の年だ。慶應三年（一八六七年）、福島は江戸へ行き幕府の講武所で洋式兵学と軍楽を学ぶ。翌明治元年（一八六八年）に卒業すると、松本に帰藩、まだ満一五歳ながら藩の子弟に教授した。松本藩、松平戸田家は譜代だったが、藩論は勤皇佐幕どちらかに一致せず、官軍が松本に迫るに及び勤皇方に付き戊辰戦争に参戦。明治二年（一八六九年）、再び東京に出て、大学南校（東京大学の前身の一つ）に進み、外国語を習得する。この当時の大学南校の履修科目は、英語、仏語、独語である。

福島安正、文官としてキャリアをスタート

明治六年（一八七三年）四月、二〇歳で司法省一三等出仕として採用され、文官としてキャリアをスタート、翌明治七年（一八七四年）九月に文官のまま陸軍省に移り、一一等出仕と二ランクアップする。明治九年（一八七六年）六月から九月までアメリカ出張、このとき、野津道貫（当時大佐）とともに、ワイオミング州のララミー砦からロビンソン砦に赴き、アメリカ陸軍の訓練視察を行っている。さらにオグララ・スー族の居留地を訪れ、大酋長のレッドクラウドにも面会しているらしい。この年はアメリカ独立一〇〇周年で、それを記念してフィラデルフィア万博が開かれていたが、一方で、六月二五日にはカスター将軍（戦時昇進による名誉少将、正式な階級は中佐）率いる第七騎兵隊二〇八名が、リトル・ビッグホーンでクレージーホース率いるスー族シャイアン族連合軍に全滅させられるという、張り詰めた時期でもあった。

明治一〇年（一八七七年）の西南戦争では征討総督府付の書記官として従軍した。そして長崎で列強の艦隊の乗組員と酒を飲みながら、どこの国も西郷軍の支援はしないだろう、

という情報を入手し山縣有朋参軍に報告した。文官の身分のまま、すでに情報将校の仕事を始めたようなものだった。

武官への転換とメッケルとの出会い

明治一一年（一八七八年）五月の陸軍士官登用試験に合格し、武官となり陸軍中尉に任官した。そして一二月に参謀本部長伝令使となるのである。このできたてほやほや、設置翌年の参謀本部の本部長が山縣有朋だった。その伝令使として各国公館との連絡係を務めるのであるから、中尉という下級将校ながら、よほど守秘や語学の正確さにおいて信頼されていたのであろう。

翌年三月には、早くも陸軍将校として隊付勤務を経験させるため、教導団歩兵大隊付となり、一二月には参謀本部管西局員に異動、清国・朝鮮の実地調査を行う。このあまりに早いポジションの異動は、日本が近代化を急ぐにあたり、有能な人物を早く育て上げたい、という「焦り」があったのだろう。そしてそれに応えることができたのが福島だった。明治一六年（一八八三年）二月大尉に昇進、六月には清国公使館付となる。明治一七年（一八八四年）一一月、再び参謀本部管西局員兼伝令使となり、翌年二月から四月にかけて天津条約交渉の随員となる。天津条約とは、朝鮮の緊張緩和のため、日清両国は朝鮮半島から完全に撤兵し、出兵する際は相互に照会しあうことを義務付けたものであり、日本側全権は伊藤博文、清国側全権は李鴻章であった。

この年、陸軍大学校で、兵学教官クレメンス・ヴィルヘルム・ヤーコブ・メッケル少佐から学ぶ。明治一八年（一八八五年）は、メッケルが来日した年である。当時四三歳、すでに頭髪が薄く髭面のメッケルを日本人学生は渋柿オヤジと呼んだ。この渋柿オヤジ、学生から関ヶ原の戦いの布陣を見せられ、どちらが勝ったと思われるでしょうか、と尋ねられ、鶴翼の陣で東軍を包囲する西軍有利と判定した。しかし、調略で有力大名の離反を誘った東軍が勝ったことを知らされて、情報戦の重要さを認識したという話がある。

『日本陸軍史研究 メッケル少佐』
宿利重一著 日本軍用図書（昭和 19 年）

プロイセン参謀の起源は、ナポレオン戦争当時のグナイゼナウ、シャルンホルスト、クラウゼヴィッツである。確かに戦争はクラウゼヴィッツが指摘する通り「政治目的達成のための手段であり、他の手段をもってする政治の延長」である。また、分進合撃による訓令戦法の推奨により「共通の目的を掲げるだけで、具体的行動については統制しない」というのは、モルトケ時代からさらに第二次大戦の電撃戦《ブリッツ・クリーク》にまで引き継がれているドイツ参謀本部の作戦指導要領である。

思うに、このナポレオン戦争以来のプロイセン参謀部の伝統の中には、敵の離反を誘う、という項目は存在しなかったのではないだろうか。フランス軍の元帥のうちの誰かを離反させる、ということは不可能であろう。また、逆も考えなかったから「分進合撃による訓令戦法の推奨」があるのではないか。誰かが裏切るかも知れない、としたら具体的行動については統制しない、というのは完璧に実行するのは不可能だ。情報戦、諜報活動の重要さを再認識した結果、第一次大戦のタンネンベルクの戦いでのドイツ帝国の完勝（ロシア帝国の二個軍の軍司令官レンネンカンプとサムソノフの不仲に乗じ、ドイツ帝国はフォン・ヒンデンブルク率いる一個軍で各個撃破した）があったとしたら、メッケルが日本で得たものがあったということになる。

さて、話を福島に戻す。明治一九年（一八八六年）、インド・ビルマを視察し、明治二〇年（一八八七年）少佐に進み、五年間ベルリンの公使館に駐在、公使の西園寺公望と主にロシア情報を分析する。福島三四歳、西園寺三七歳。この時代に、シベリア鉄道の東方の始発点がウラジオストク（ヴラジ＝支配する、ヴォストーク＝東）であることが決定された。これは日本にとり大きな脅威であり、万一、ロシアと戦端が開かれた場合、シベリア鉄道が完成していたら、ザバイカル以西の兵力を迅速に極東に動かすことができるようになってしまう。文字通り、ウラジオストクの町が東方支配の拠点となってしまうだろう。福島と、この報告を日本で受けていた参謀本部次長の川上操六の危機感は大きかった。この時代、参謀本部次長といっても、川上は福島の四歳年上なだけである。

明治二四年（一八九一年）一月、帰朝にあたり船や鉄道を用いるのではなく、冒険旅行という名目で、シベリアを横断する計画を参謀総長に上申し、許可を得る。ロシア政府にも、ベルリンを発し、ポーランドからロシアのペテルブルク、エカテリンブルクから外蒙古、イルクーツクから東シベリアを経てウラジオストクまでの旅行計画を提出し、承認を得た。真の目的は、もちろん仮想敵国ロシアの偵察であり、特にシベリア鉄道の輸送能力、ロシア軍人の能力、一般ロシア人の民度の調査の三つである。

いよいよシベリア単騎横断に出発

翌明治二五年（一八九二年）二月一一日の紀元節、午前一〇時に在留日本人の大歓声に送られて、ベルリン公使館前を出発、三日目には旧ポーランド領に入る。ポーランドは、ロシア、プロイセン、オーストリアに分割されてしまい、かつての強国の面影はない。二月下旬にはワルシャワを経てバルト三国に至った。リトアニア、ラトヴィア、エストニアともに一八世紀からロシア帝国の支配下に入れられ、圧政に苦しんでいた。福島は、抵抗・独立運動が地下で続けられていることを確認し、万一ロシアと戦わねばならなくなった場合には、これらの闘士を煽動して、支援物資・資金を与え西から揺さぶることを考えた。のち、明石元二郎大佐がこれを実際に行い、ロシア革命支援工作として成功させた。

三月二四日、福島はロシアの首都ペテルブルクに入る。市の南門の一〇キロも手前でロシア軍の騎兵科将校が出迎え、騎兵学校の貴賓室に迎え入れられた。ロシア軍でも誰もやったことがない、シベリア単騎横断という壮図に感動したのである。もっとも、福島のような隠された目的がなく、ロシア軍にはその必要性も無いのだから、誰も計画したことがなくとも不思議ではない。

福島はペテルブルクに半月滞在し、ロシア陸軍の総兵力は日本の一四倍で、騎兵は精鋭だが、歩兵や砲兵にはすでに軍紀の乱れが見られ、皇帝への忠誠も疑問であることを見抜いている。ソ連崩壊の前も、東ドイツに駐留していたソ連兵の中には、軍服のボタンを全部外し、軍帽をあみだに被って、ポケットハンドで歩くような軍紀弛緩が見られた。歴史は繰り返すのである。

三月三〇日、福島のシベリア横断に大きな興味を持っていたアレクサンドル三世の謁見を賜る。「少佐とは何語で話すのが良いか」と下問された福島は、「ロシア語でもフランス語（フランス語は欧州王室の公用語である）でも、英語、ドイツ語でも陛下の御意にお任せいたします」と奉答し、フランス語での会話となった。これに加え、中国語もできると聞いて、皇帝は大いに驚いたという。これだけ福島の語学能力を聞けば、東シベリアと清国北部、蒙古の偵察旅行であることはバレそうなものだが、やはり日本人を侮っていたのだろうか。

四月九日にペテルブルクを発ち、二五日にモスクワに着く。この間、約七〇〇キロ。モスクワでシベリア鉄道に関する情報を収集、東（ウラジオストク）西（チェリャビンスク）から工事を始め、未成区間は七〇〇キロ、それまでの進捗は年に七〇〇キロ程度なので、あと一〇年で全通すると予想した。実際には、明治三四年（一九〇一年）にバイカル湖の区間を残して開通、全線開通したのは明治三七年（一九〇四年）九月という日露戦争が始まって七ヶ月経った時だった。

ウラル頂上の碑
(右：ヨーロッパ、左：アジア)

五月六日、モスクワを発つ。七月九日、ウラル山脈の頂上に至り「頂上の碑（西はヨーロッパ、東はアジアとロシア語で記）」を見る。ここからシベリアに入り、夏の間に一気にアルタイまでを走破するが、暑気のため夜間行動をし、悪路、雨、害虫に悩ませられる。九月一五日、送別の宴を開いてもらったアルタイ駅を出発、二三日アルタイ山脈の頂上に立つ。翌日、外蒙古に入り、清国の支配力低下とロシアの影響力増大を確信する。ロシアは必ず東進して外蒙古を支配下におき、次は満州、その次は朝鮮、そして日本を勢力下に置こうとするだろうと。

約二ヶ月かけて外蒙を横断、北上してロシア領に再度入る。そしてバイカル湖に至り、まだシベリア鉄道の工事がここまで来ていないことを確認した。明治二六年（一八九三年）の正月をバイカル湖から東へ一一〇キロの町で迎え、折から風邪をひいていたこともあって、そこのホテルで三日間の寝正月とした。

ベルリンを発って一年目の紀元節、今までの旅が無事であったことを神に感謝した福島だったが、落馬し頭部に重傷を負ってしまう。五日間、農家で療養させてもらい、三月二〇日、凍結したアムール川を渡って満州に入る。四月三日、満州の斉斉哈爾《チチハル》に到着、しかし悪いことは続くもので、吉林の手前で風土病に罹り、田舎宿で昏睡状態に陥ってしまった。なんとか強い精神力で立ち直り、五月七日には再出発、九日に吉林に着く。

六月一日、満州と朝鮮を隔てる白頭山を越え、一旦朝鮮へ。白頭山から日本海を望み感涙する。再びロシア領に入り、一二日、ついにウラジオストクに到着した。一万四〇〇〇キロを一年四ヶ月で踏破したのだ。大勢の日本人が万歳で出迎え、世界中の新聞が「世紀の壮挙」と書き立てた。ウラジオストクから東京丸で横浜港に着くと、児玉源太郎陸軍次官らが待っており、さらに明治天皇から遣わされた侍従が、陛下のねぎらいのお言葉とともに、勲三等旭日重光章を授与した。なお、二月に中佐に進級しており、帰朝した時は福島中佐になっていた。

シベリア横断には、ベルリンから東京までの規定旅費四〇〇〇円に二〇〇〇円が加算され、現在の約四八〇〇万円という莫大な予算が当てられた。途中、それも使い切ってしまうと、明治天皇にまで上奏され、さらに二〇〇〇円の御内帑金《ごないどきん》が下賜された。福島は、情報収集、それもヒューミントを重視し、そのために軍の予算を最も多く使った軍人かも知れない。明治の陸軍上層部は、実際に現地で兵要地誌を調べ、人との接触で得る情報が最重要であることをよく理解していた。だからこそ、福島一人にこれだけの投資を行い得たのである。

生情報の成果

シベリア単騎横断の翌年、明治二七年（一八九四年）六月に京城公使館付となり、八月一日に日清戦争が起こると第一軍参謀として出征。シベリア横断中に三度清国領に入っていた福島は、清国陸軍の兵・将校の質の低さや組織的な弱点をつかんでいた。これが日清戦争での作戦指導に大きく役立った。清国に勝った日本は遼東半島を手に入れたが、ロシア、ドイツ、フランスによる三国干渉で、清国と還付条約を締結し、三〇〇〇万両《テール》（四五〇〇万円、現価約三六〇〇〇億円）と引き換えに手放さざるを得なくなった。さらにロシアが清国首相、李鴻章らへの賄賂工作で遼東半島先端の旅順、大連を租借するに及び、対露感情は極端に悪化、臥薪嘗胆で対露戦備を整えることになる。

川上操六　『近世名士寫眞 其1』近世名士寫眞頒布會（昭和10年）

一方、日本の朝鮮に対する影響力は低下し、朝鮮内でロシアに接近する勢力が台頭してきた。もともと日本は、ロシア、清国との間の緩衝地帯として、朝鮮がどこにも付かず独立していることを望んでいたので、この閔妃《ミンピ》らの親露派が力をつけることは良しとしなかった。海千山千の欧州列強諸国の間で、日本がどう舵を切れば良いか、そのための基礎情報を得ることが喫緊の課題になったのだ。三国干渉の一ヶ月前、明治二八年（一八九五年）三月に大佐に進級していた福島に対し、川上参謀本部次長は八月二二日に欧亜視察旅行を命じた。九月に参謀本部編纂課長となり、一〇月五日に東京を出発、エジプト、トルコ、コーカサス、ペルシャ、シャム、アンナン、トンキンを巡り、明治三〇年（一八九七年）三月二五日帰朝という大旅行であった。

途中、セイロン島のコロンボでイギリス情報機関員と接触、エジプトではイギリスが日本と利害が一致するという情報を得た。またスエズ運河に関する情報、特に通過する艦艇、徴用船に関する情報を収集するため、コンスタンチノープルに公使館、カイロに総領事館、スエズ運河の地中海側入り口にあるポートサイドに領事館を設置することを進言した。帰国後、参謀本部第三部長（運輸・通信）、第二部長（情報）を歴任する。

やっと福島は参謀本部の情報部長という情報屋のトップにのぼった。だが、明治三二年（一八九九年）五月一一日、最大の理解者だった川上操六大将が参謀総長在職中に、五〇歳という若さで急逝してしまう。

義和団の乱

山東省で発生した義和団は、「扶清滅洋」の排外的スローガンとともに、明治三三年（一九〇〇年）六月一〇日、二〇万という大勢力で北京に入城した。混乱の中、北京を警護していた董福祥《とうふくしょう》配下の兵士に日本公使館書記官の杉山彬が殺害され、六月二〇日にはドイツ公使クレメンス・フォン・ケッテラー男爵が義和団に殺害された。六月二一日、清国政府は列強に宣戦布告し、カルト集団のテロから戦争状態へと発展した。義和団鎮圧に向かったのは八ヶ国、イギリス、アメリカ、ロシア、フランス、ドイツ、オーストリア＝ハンガリー、イタリアと日本である。八ヶ国合わせても二万名程度の混成部隊で、もっとも多く兵を出したのは日本とロシアであった。日本は第五師団（広島）から九七〇〇名を派遣し、四月に少将に進級していた福島を臨時派遣隊司令官に任命した。参考に、ロシア軍四

義和団兵士

五〇〇名、イギリス軍二四〇〇名、アメリカ軍一九〇〇名で、日本の派遣兵力はロシアの倍以上であった。

連合軍兵士　左より英・米・英領豪・英領印・独・仏・墺＝洪・伊・日　（露は写っていない）

連合軍の最初の大きな戦闘は、天津の租界の解放だった。七月一〇日ころから包囲している清国正規軍に対し攻撃を開始、一四日には早くも天津城と租界を占領した。八月四日、北京に向け進撃を開始したが、連合軍の足並みは揃わず、イギリスと日本のように一刻も早く北京を包囲から解放すべき、という国と、急な進撃はかえって義和団を刺激する、あるいは、もっと清国内に混乱を起こさせてより大きな軍事介入を狙う、といった国まであり、全体として至って緩慢であった。そんな中、北京で籠城中の公使館駐在武官の柴五郎中佐からの情報で、籠城戦を持ちこたえるのは限界に近づいている、と知った福島は、速やかな北京への進撃を主張して各国軍を説得、八月一四日に北京攻略を開始した。このとき、北京には八旗や北洋軍など四万の正規軍兵力が集められていたが、あっけなく翌日には陥落した。

北京陥落後、満州を狙っていたロシアは、救援ロシア軍をすぐに満州に転じさせ、一方、別の増援軍を満州に向けていた。北京よりも、三国干渉後に租借した旅順の防備強化や、同じく敷設権を得た東清鉄道に関心が強かったからである。

柴五郎　『北京籠城』柴五郎著
軍事教育會（明治 35 年）

この義和団の乱では、福島よりも、映画『北京の55日』でも描かれた、籠城戦を指揮した柴中佐の方が有名だが、柴五郎もまた英語、ドイツ語、フランス語、中国語に精通したマルチリンガルの国際派だった。同時に、事前に北京城及びその周辺の地理を調べ尽くし、さらには間諜を駆使した情報網をも持っていた、情報将校でもあった。本来の駐在武官の職務を完遂していた、といえばその通りであるが、天津に進出した救出軍の福島と北京情勢について連絡を取り合うことができたのは大きかった。

戦後、福島は九月から翌年六月まで、北清連合軍総司令官幕僚として作戦会議進行役を務め、英語、ドイツ語、フランス語、ロシア語、中国語（北京官語）を駆使し調停、列国代表の称賛を浴びた。昭和の参謀のように、陸軍士官学校、陸軍大学校で優秀な成績をおさめたエリートたちと異なり、またその経歴からもわかるように、実戦部隊を率いた経験もないにもかかわらず、連合軍に的確な指示を与え、会議も取りまとめることができたのは、天性の語学の天才であるのに加え、情報を集め活用する術に秀でていたからだ。柴五郎もそうである。

日英同盟と日露戦争

明治三五年（一九〇二年）一月三〇日、前文と六ヶ条、それに秘密交換公文から成る日英同盟が成立した。根本的にはロシアの極東進出を牽制する目的のものであるが、締結国が他国（一国）の侵略的行動（対象地域は中国・朝鮮）に対応して交戦に至った場合は、同盟国は中立を守ることで、それ以上の他国の参戦を防止すること、さらに二国以上との交戦となった場合には同盟国は締結国を助けて参戦することを義務づけていた。また、秘密交渉では、日本は単独で対露戦争に臨む方針が伝えられ、イギリスは好意的中立を約束した。

はたして、条約締結から二年後の明治三七年（一九〇四年）に日露戦争が勃発、イギリスは表面的には中立を装いつつ、諜報活動やロシア海軍へのサボタージュ等で日本を大いに助けることになる。

さて、同盟を結んだら、実務の詰めを行わなければならない。これがロンドンで開かれた日英軍事協商で、大山巌参謀総長が福島第二部長の派遣を決定し、五月から一一月までのイギリス出張となった。その福島の英国出発を二日後に控えた五月二〇日、大山参謀総長、伊東軍令部長、寺内陸軍大臣、山本海軍大臣、上村軍令部次長、田村参謀本部次長の陸海軍首脳部は、内閣の一室で「日英連合軍大作戦方針」を協議して決定した。この時、陸海軍首脳部は桂首相及び小村外相が臨席することを要請し、「大作戦方針」起案の経緯を説明して承認を求めている。その後、大山参謀総長は「大作戦方針」を、福島に付与することを明治天皇に上奏し裁可を得た。

児玉源太郎　『日露戰史寫眞帖　上巻』東京印刷編纂部（大正４年）

ロンドンでの重責を果たした福島は、翌年から児玉参謀本部次長と対ロシア戦略を練り始める。シベリア鉄道が全通する前にロシアを叩く、つまりは国力からも戦略からも長期戦はできない、という福島の主張は桂太郎総理大臣、伊藤博文枢密院議長にも影響を与えた。日本政府は、明治三七年二月一〇日の対露宣戦に先立ち講和の道を探り始める。福島は二月に大本営参謀、六月には満州軍総司令部参謀となり、諜報戦を率いた。特に「遼西特別任務班」「満州義軍」の名のもと、満州馬賊を集め、鉄道破壊や物資掠奪といったゲリラ戦の総指揮を執ったことはあまり知られていない。

一方で日本は親ロシアのドイツに対する工作を開始、ロシア国内でも、明石大佐が革命派に武器や資金を供給して内部からゆさぶりをかける。ロシアの帝政が危ういと考えたドイツ皇帝は、明治三八年（一九〇五年）三月一〇日に日本軍が奉天会戦に勝つと明治天皇に祝電を送り、五月二七日に聯合艦隊がバルチック艦隊に完勝すると、ロシア皇帝に「帝政の危機」を警告した。こうした情報戦が奏功し、アメリカ大統領セオドア・ルーズヴェルトの仲介によるポーツマス条約締結で九月五日に講和が成立した。

明治の日本の指導者は、政府も軍も、自分たちの実力をわきまえ、欧米列強に劣らぬ情報戦を展開した。事前の情報収集と分析を怠らず、劣勢でもあきらめずにあらゆる手段を講じ、逆に形勢が有利でも戦う前に戦争の終らせ方を考え、それに則った戦略戦術を立てた。意思決定者はこうでなければならない。

情報の理解者をまた失う

明治三九年（一九〇六年）四月、児玉が参謀総長に就任すると、福島は参謀本部次長となり、七月には中将に進級した。この福島の人事は、児玉が平時の参謀本部の核にも情報の専門家を持ってきたことを意味する。それは、情報を受けて扱う側にも正しく使う人材がいなければ、情報は無駄になってしまうことを良く知っていたからだ。しかし、またも不運が襲う。児玉が参謀総長就任後わずか三ヶ月で脳溢血により急逝してしまったのだ。五四歳だった。日本陸軍は、川上、児玉という逸材を続けて失い、上層部に情報の重要性

福島安正　『近世名士寫眞　其2』
近世名士寫眞頒布會（昭和10年）

を本当に理解できる者がいなくなってしまった。

情報収集は、福島のシベリア単騎横断に莫大な金がかかったように、平時から予算を付け、組織を維持し、権限を与えておかねばならない。また、地味な活動で、すぐに結果が明らかになるわけでもない。つまり、実戦部隊の指揮官や作戦参謀と異なり、評価されにくいので、一般の将校はやりたがらないのだ。福島は参謀次長という要職にまでのぼったが、日露戦争後、ロシアから賠償金をとることができなかったため、戦費を使い果たした貧乏陸軍になってしまった。予算は削られ、正面装備でない情報活動には金が回って来なくなってしまった。明治四〇年（一九〇七年）九月、男爵に叙せられ、明治四五年（一九一二年）三月まで参謀次長の職にあったが、目立った実績は残していない。四月二六日に関東都督を発令され、旅順に赴任、大正三年（一九一四年）九月、陸軍大将に昇進と同時に後備役に編入される。六二歳、中将の現役定限年齢であった。

もしも児玉があと五年存命であったなら、日本陸軍にも情報の重要性が浸透し、福島のあとを継げる若手の情報参謀が育っていたことだろう。そうなっていたら、作戦優越にはならず、参謀本部の二階にあった第一部（作戦部）の部屋の前に常時衛兵が立ち、第二部（情報部）の情報参謀も入室できないような事態にはならなかっただろう。辻政信や瀬島龍三といった作戦参謀たちが、自分に都合の良い情報だけを拾い、都合の悪い情報を無視する、ということもできなくなっていただろう。それでも、軍以上の組織には情報参謀がいた陸軍は海軍と比べたらマシだったかも知れない。軍令部には情報を扱う第三部があったが、聯合艦隊司令部には中島親孝中佐が情報参謀を自称する昭和一八年（一九四三年）一一月まで、情報担当の参謀はいなかったのだから。

帝国海軍の情報軽視のうち最大最悪のものは、ダレス工作のときだろうか。昭和二〇年（一九四五年）四月、崩壊直前のドイツ第三帝国の駐在大使館附武官補佐官から、スイス駐在大使館附武官に転出したばかりの、藤村義朗海軍中佐は、アメリカの諜報機関「ダレス機関（戦略情報局ＯＳＳ、のちのＣＩＡ）」という組織に属するアメリカ人の接触を受けた。アメリカの対ソ戦略変更、これ以上スターリンのやりたいままにのさばらせるわけにはいかない、によるものだった。そのためにはヤルタ協定の秘密協定にあるソ連の対日参戦の前に、日本と講和してしまわなければならない。ダレス機関と接触を重ねた藤村中佐には、アメリカの提案は真剣と思えた。

こうして、藤村中佐はことの成り行きとアメリカ側の要望「権威ある大臣、大将級の大物のスイスへの派遣」を米内光政海軍大臣と豊田副武《そえむ》軍令部総長に親展電報で報告した。その結果はどうだったかというと、米内海相は「善処する」と返電しておきながら、東郷茂徳外相にたらい回ししただけだった。豊田軍令部総長は、「なんだ、中佐か。若造じゃないか、騙されてるんだ」と取り合わなかった。自らが大本営発表の大嘘をつき続けていたので、良い話は騙しだと思ったのか。「大将か。ジジイじゃないか、モーロクしてるんだ」というのも逆にアリではないかと思う。

西南戦争の時の福島は二四歳である。武官ですらない。情報の価値と階級、あるいは年齢に決定的な関係があるのだろうか。たとえ階級が低くとも（戦艦の副長も務まる海軍中佐が低い階級とは普通は思わないが）、あるいは若年でも、その人物をきちんと見極めることができているかいないかが問題ではないのだろうか。情報は扱う側のセンスが問われるのである。

挿話——河原操子

余談だが、福島の生家の二軒北の道を挟んだ反対側は、河原操子《みさこ》の生家である。操子は福島安広の幼友達、松本藩士河原忠の長女として明治八年（一八七五年）六月六日に生まれ、長野県尋常師範学校女子部を明治二九年（一八九六年）に卒業後、東京女子高等師範学校（現、お茶の水女子大学）に入学、翌年病気のため中退。明治三二年（一八九九年）に長野県立高等女学校教諭として、教育者の道を歩き始める。翌三三年（一九〇〇年）八月、来県した女子教育界指導者、下田歌子と会い、九月に横浜の在日清国人学校「大同学校」の教師となった。

明治三五年（一九〇二年）九月三日、上海に渡り、務本《ウーベン》女学堂の教師となる。これ全て、父に説かれた日清親善の必要性「日清が互いに手を握り合わなければ、東洋の平和は得られない」から来ている信念である。務本女学堂のある上海城内は極度の不衛生で、操子は城外の租界から通うよう勧められたが、「街の汚れを嫌って城外に住めば、生徒はなんと思うか。清国での最初の教師が失敗したら、それは私一人の不名誉ではない。生徒と同じ場所で生活せずに愛情といえるか」と言い、城内に住んだ。

翌年、大阪で開かれた内国勧業博覧会を視察した、内蒙古の喀喇沁《カラチン》王貢桑諾爾布《グンサンノルブ》は、王室の女性に日本風の女子教育を施したい、と考え、帰国後、北京の日本大使館に日本人の女性教師派遣を要請した。上海の内田公使は、操子の働きに注目していたので、さっそく白羽の矢が立てられたのである。こうして一一月二二日に喀喇沁からの迎えの使者とともに上海を発ち、一二月二一日に喀喇沁右翼旗（「旗《ホショー》」は蒙古の行政単位）へ入った。途中、北京の公使館に二週間ほど滞在し、川島浪速（東洋のマタハリ、男装の麗人と呼ばれた川島芳子の養父）らから話を聞き「表面の名義が喀喇沁王府の教育顧問、裏面の仕事が軍事上のお手伝い」であることを告げられた。コードネームは「沈《シェン》」である。北京から喀喇沁右翼旗

河原操子

まで、沿道地図を作製する目的で参謀本部の将校が同行している。なお、喀喇沁王妃の兄、粛親王、愛新覚羅善耆は、川島芳子の実父である。

一二月二八日、毓正《ユイチャン》女学堂の開堂式が行われ、三〇日から授業が開始された。当初の生徒は、王の妹、王宮の侍女、官吏の娘らの二四名だった。学科は、蒙古語・漢語・日本語の読書、習字、算術、地理、歴史、図画、音楽（蒙古歌謡・日本の唱歌）、体操からなり、操子は全教科を担当した。

こうして教育に打ち込む一方で、操子は喀喇沁王府内の親露勢力の動きを探り、日露戦争中にはエニセイ川に架かるシベリア鉄道のクラスノヤルスク橋を爆破するという、特別任務班第六班班長、横川省三と沖禎介のための前進基地を提供した。明治三七年（一九〇四年）二月、日本はロシアに宣戦布告、三月に北興安嶺を目指した横川ら二名は、破壊工作に失敗し、哈爾濱《ハルピン》で処刑される。操子は無事に日露戦中を生き延び、明治三九年（一九〇六年）二月に帰国。上海に渡ってから三年半が経ち、三〇歳になっていた。操子の功績は大きく評価され、勲六等宝冠章を授けられた。

第二章——イエスかノーかと敵性語

前章で、情報を収集するための語学の重要性、それがなければヒューミントは成り立たず、仮想敵国の兵要地誌を知ることもかなわないことを見てきた。しからば、大東亜戦争中に敵性語を禁止したと信じられているのは、本当だろうか。敵の暗号も解読できなければ、捕虜の尋問もできなくなるのは自明の理である。本当に陸軍はそんなバカげたことをやったのだろうか。

大東亜戦争中、東條内閣と陸軍によって英語が敵性語として禁止され、野球の「ストライク」は「よし」、「ボール」は「だめ」、「セーフ」は「占塁」、「アウト」は「ひけ」、「バッテリー」は「対打機関」に改変、またうっかり外来語を使おうものなら憲兵や特高に引っ張られてひどい目に遭わされた、という話をよく聞く。現象としてはそうだったのだろうと思うが、しからばこれはどんな法律によるものだったのだろうか？

昭和一五年（一九四〇年）に煙草「ゴールデンバット」が「金鵄」に、「チェリー」が「櫻」に改められ、芸名の「ミスワカナ」が「玉松ワカナ」に、「ディック・ミネ」が「三根耕一」に改名させられた。「させられた」というのは、昭和一四年（一九三九年）秋に施行された映画法により、映画関係者の登録制が実施され、「せっかく売り込んだ芸名を改めさせるのは気の毒であるが、ふざけた名を使うことが流行してきたので、このまま放置することは国民文化の向上の点からいっても、また時局がらも面白くない」（内務省警保局長）と、昭和一五年三月二八日に映画、レコード業界代表者に対して一六名の改名を厳達されたからだ。その中には、「皇室や神宮を連想させる」園御幸や御剣敬子、熱田みや子、吉野みゆき、「ふざけた名」の尼リリスといった芸名が含まれていた。

また、音名もドレミファソラシがハニホヘトイロになったが、do、re、mi、fa、sol、la、si はイタリア語（フランス語もほぼ同じだが、do は ut を使う方が一般的）なので、昭和一五年九月二七日に日独伊三国同盟が調印されたのを考えれば、おかしな規制だ。ためしにこの音名で童謡「蝶々」を歌うと、ソミミ・ファレレ・ドレミファ・ソソソがトホホ・ヘニニ・ハニホヘ・トトトとなって、何とも「トホホ」だ。

これらのエキセントリックな規制は、東條英機（陸軍大将）内閣と陸軍によって進められたように思われているが、昭和一五年当時は米内光政（海軍大将）内閣、第二次・第三次近衛文麿（公爵）内閣で、東條英機が首相（兼陸相・内務相）を務めるのは昭和一六年（一九四一年）一〇月一八日からだ。芸名の改名強要は米内内閣のときのことなのである。

意外に思われるかも知れないが、実は敵性語の禁止は法律や通達によるものではなく、「自主規制」だったのだ。「軽薄な舶来思想の遺物たる外来語排斥」という「気運」を高めるには、今は頬っ被りしている新聞も大きな影響力を持ったに違いない。ある海軍技師は、「ガス」という語も「こんな敵性語は日本語に改めなければならない」と言ったそうだが、どう改めるつもりだったのだろうか？　まさか「瓦斯」ではあるまい。開明的でLiberalな帝国海軍、閉鎖的でFeudalな日本陸軍というイメージは必ずしも当たっていない。

イエスかノーかの真実

日本陸軍に対するイメージをさらに決定づけたのは、シンガポール陥落時の山下奉文《ともゆき》第二五軍司令官（中将）とアーサー・アーネスト・パーシヴァル英駐留軍司令官（中将）との会見報道だろう。机を叩き、「イエスかノーか！」と恫喝する山下将軍像が定着し、「細かい話はどうでもよい、降伏するかどうかだけ答えろ」という、いかにもそれしか英語ができないような印象を持たれてしまった。が、事実は少し違う。

山下将軍は、実は語学が達者だった。医者の家に生まれ、幼年学校からドイツ語を専攻した山下は、ドイツ語には不自由しなかった。海外も、大正八年（一九一九年）のスイス大使館附武官補佐官、大正一〇年（一九二一年）のドイツ駐在、昭和二年（一九二七年）のオーストリア大使館兼ハンガリー公使館附武官、昭和一五年（一九四〇年）のドイツ派遣航空視察団長とドイツ語圏が多かったが、スイスへ赴任の途中には、アメリカを横断し、ウェストポイント陸軍士官学校を視察している。

『山下奉文正伝』（安岡正隆著）にこんなエピソードがある。山下夫人の久子がなかなか妊娠せず、慶應病院で子宮後屈の手術を受けた時、山下は手術に立ち会った。医者たちは、山下にはわからないと思い、手術中にドイツ語で久子夫人の体の細部について、あけすけな会話をしていた。ところが、医者の家に育ち、陸大でもドイツ語を専攻した山下は、医者の会話の内容が全てわかってしまった。子供ができないことで、夫婦の間は冷たくなってしまったが、山下は手術をしてまで子供を生もうとした久子夫人の気持ちを察し、何も言わなかった。

脱線ついでに、山下は昭和一六年（一九四一年）一月のドイツ派遣航空視察団長のとき、ヒトラー総統と会見している。ヒトラーは、「日本は三国同盟により、すみやかに英米に宣戦布告し、米国の対ヨーロッパ作戦を牽制すべきである」と山下中将に同意を迫った。中将は即座に、「その要請はお断りする。日本はすみやかに支那事変を終結した後、ソ連の侵入に対する準備をせねばならない。そのためには軍制の改革を必要とする。目下の日本は、英米に対して戦争を敢行し得る状態ではない」と反対意見を述べている。破竹の勢いのドイツから招かれた視察団長が、当のヒトラーに向かって要請を一蹴したのだ。

この後、ドイツはソ連に攻め込み、日本は山下の言とは裏腹に、米英蘭と開戦、消耗戦の泥沼にはまっていく。

ヒトラー総統と山下奉文中将

さて、降伏交渉に話を戻すと、山下将軍のところへ、突然現れた英軍軍使が全面降伏を申し入れ、まさか将軍が直接軍使と話をする訳にもいかず、軍隊用語を知らない報道班員（台湾の医学生で日本語が達者でなかった、という説もあり）を通訳に使ったために起こったことである。報道班員を使ったのは、公正さを示すためだった。

英軍側は、無条件降伏を条件降伏のように誤解してしまい、停戦を明日まで待ってくれ、と時間かせぎをしようとしていた。やむなく通訳を杉田一次《いちじ》参謀（当時中佐。情報主任参謀。戦後、第三代陸上幕僚長）に変えたところ、やっと英軍も諒解したというのが真相で、山下将軍は、杉田参謀に「他のことは言わないで、無条件降伏についてイエスかノーかだけ聞けば良い」と指示したものである。パーシヴァル将軍に対しては言っていない。パーシヴァル将軍の回顧録にも、山下軍の軍紀厳正への賞賛はあるが、このような非礼な恫喝を受けた、とは書かれていないとのことだ。ほかに、報道班員のいい加減な通訳で、条件降伏に話が進んでしまい、こんがらがってしまった将軍が、杉田参謀に「（降伏について）イエスと言っているのかね、それともノーと言っているのかね？」と尋ねた、という説もある。

シンガポール英軍降伏軍使

降伏文書調印の後、通訳を介さず、直接パーシヴァル将軍にねぎらいの言葉をかけるべきと考えた山下将軍は、適切な英語が思いつかなかったため、黙って握手をかわし、不足するものがあれば何でも申し出てください、と伝えた。乳幼児のミルクが足りない、という申し出に、すぐに届けて、大変感謝されたとの事である。

現実には、翌日撃つ弾も不足し、兵力も英軍の三分の一しかなかった日本軍にとって、英軍の降伏は青天の霹靂で、むしろどうしたらよいのかアタフタしたのは、日本軍だった。それだけに、どうしても一回の交渉で無条件降伏をして貰う以外に、道は無く、杉田参謀への「無条件降伏についてイエスか、ノーかだけ確認すれば良い」という指示になったらしい。英軍としても、東洋艦隊が壊滅した後で、救援の望みもなく、条件降伏を持ち出されても困るわけで、いい加減な通訳が招いた混乱だった。

山下将軍は、シンガポール入城式も行わず、将兵に市内への立ち入りも厳禁して、「異民族に対し、いやしくも征服者的な不徳義な行為をすべきではなく、彼らを侮辱してはならぬ」と全軍を戒めていたことからも判るように、巷間言われているように、机を叩いて、敗将に「イエスかノーか！」と迫るような、国際的に非常識なことをする人物ではない。これは、満足な通訳もできない程度のレベルの報道班員が、国民受けを狙って捏造した、でたらめな新聞記事によって広まった、偽りの山下将軍像であり、陸士・陸大出の参謀の方が、報道班員よりもはるかにまともな語学教育を受け、国際常識をわきまえていた証明でもある。

山下中将（テーブル中央）とパーシヴァル中将。山下中将の左隣に立つヒゲの人物が杉田参謀

作られた山下像とマッカーサーの復讐裁判

山下将軍自身は、日露戦争の時のステッセル将軍に対する乃木将軍の態度と比較して、この「作られた山下像」を批判する声もあって、相当参っていたそうだが、遂に一言も弁解しなかった。以上の記述は、当時、読売新聞、東京日日新聞政治部記者だった岡田益吉氏が『日本陸軍英傑伝』に書いておられることなので、真実であろう。山本七平氏が『私の中の日本軍』で論破している、「百人切り」のマスコミによる捏造も含めて、陸軍の蛮行といわれるものの

多くは、大衆受けを狙った当時の新聞によるものと思われる。

山下将軍は、戦後BC級戦犯で絞首刑にされたが、この罪状も理不尽なものだった。シンガポールで幕僚統帥の悪名高い参謀、辻政信中佐が将軍名で勝手に出した「華僑強制連行命令」については罪に問われなかったが、比島第一四方面軍司令官として赴任したフィリピンで、マニラ市民に対する暴行と市の破壊の責任者とされてしまったのである。

法廷での山下大将（右から２番目）

民間人を戦火に巻き込みたくなかった山下将軍は、大本営が現地の状況を日本で知られることを恐れて、帰国の許可を出さなかった日本人婦女子を、独断で最後の連絡船で脱出させ、首都マニラを無防備都市宣言し、アメリカ軍捕虜一三〇〇名と抑留民間人七〇〇〇名をこれまた独断で開放、山中のバギオ（標高一五〇〇メートル）に司令部を移した。

ところが、海軍第三一根拠地隊司令官

岩淵少将の指揮する陸戦隊一万五〇〇〇名は、マニラ放棄に絶対反対し、市内に留まったため、三週間に亙る市街戦が生起、アメリカ軍の無差別砲爆撃も加わり、市民多数を道連れに、海軍部隊は玉砕した。この時の市民の被害を理由に、山下大将には海軍部隊の指揮権は無いにも拘らず、ＢＣ級戦犯とされ、「復讐裁判」で絞首刑にされたのだった。

マレー戦で、英兵の死体を見ると、一人ずつに敬礼して通り過ぎた、また、酒を飲んで「トラ」になる事を徹底的に嫌っていたといわれる山下将軍にとっては、「マレーの虎」という異名も迷惑千万だった。特攻を開始したのは比島戦での海軍だが、陸軍は特攻隊であっても「天候が悪くて自信がないか、目標が発見できない等、落胆するな。犬死してはならぬ。明朗に潔く還ってこい」と教育している。山下大将は、特攻のみならず玉砕戦法にも断固反対だった。山下が処刑前、教誨師の森田正覚を通じて述べた日本人への遺言を引用する。そこには、廃墟の中から日本人が立ち直っていくために必要な四つの要素が示されている。

一つ目は「日本人が倫理的判断に基づいた個人の義務を履行すること」。二つ目は「科学教育の振興」。三つ目は「女子の教育」で、日本人の女性は新しい自由と地位を尊び、世界の女性と共に平和の代弁者として団結しなければならないという。そして四つ目は「次代の人間教育への母としての責任」である。遺言の最後を山下はこう結んでいる。

「母の愛に代わるものはないのであります。母は子供の生命を保持することを考えるだけでは十分ではないのであります。子どもが大人となった時、自己の生命を保持しあらゆる環境に耐え忍び、平和を好み、協調を愛し人類に寄与する強い意志を持った人間に育成しなければならないのであります。これがみなさんの子供を奪った私の最後の言葉であります」

海軍と違い、有象無象を徴兵して組織された陸軍には、もちろん性悪な兵隊もいただろうが、全体として悪く言われ過ぎと思う。明治時代に作られた立派な『軍人勅諭』があるにも拘らず、島崎藤村が晩節を汚して美文調で書いた『戦陣訓』を東條陸相が配布したこと、辻政信のような参謀を抑えつけられなかったこと等も原因だろうと思う。勅諭でもない、陸相が配布しただけの『戦陣訓』が、あれほど陸海軍や民間に浸透しなければ、逆に日露戦争当時の戦時国際法遵守の精神がスイス政府編の『民間防衛』並みに国民一般に知らしめられていれば、サイパン、沖縄の悲劇は防げただろう。山下将軍記――「近頃の参謀は、大部分半煮えにして、礼節に乏しきは遺憾なり」また、辻政信第二五軍参謀については、次のように評している。「この男、矢張り我意強く、小才に長じ、所謂こすき男にして、国家の大をなすに足らざる小人なり。使用上注意すべき男也」

一九九六年にアメリカで刊行された“WORLD WAR II: The Encyclopedia of the War Years, 1941-1945” Polmar and Allen, RANDOM HOUSEにはこう記されている。

山下奉文、「マレーの虎」と称された日本の将軍。戦後、性急で復讐的な、明らかに公正さを欠いた裁判で戦犯とされ、上訴を棄却された後、絞首刑に処された。〜中略〜 山下将軍は、早い段階からマニラは防衛不可能であり、そうすべきではないと決心していた。二月上旬、彼は迅速かつ秩序ある撤退を命じ、明確に無意味な破壊を禁じた。彼の計画は、ルソン島山地への遅退行動であり、要塞化した山地で可能な限りの持久戦を行うことだった。マニラ市民にとって、そして最終的には山下将軍にとって、不幸なことに、岩淵三次海軍少将率いる一万五〇〇〇名の水兵と陸戦隊はアメリカ軍の包囲を抜けることができず、市民の虐殺に転じた。岩淵少将を含むほとんどの海軍兵は戦死し、フィリピン市民の死者は一〇万にのぼった。一ヶ月に及ぶ戦いでマニラは瓦礫の山と化した。のち、山下将軍は

無意味な破壊について何も知らなかった、と主張した。確かにこの件は彼の管理下にはなく、しかも明らかに彼の命令に反していた。彼自身の軍は、アメリカ軍の絶え間ない攻撃により漸減し、八月一五日に降伏した時点では五万に減っていた。ダグラス・マッカーサー将軍の命令により山下将軍はマニラ虐殺の戦犯として起訴され、有罪となり、上訴も却下され、昭和二一年（一九四六年）二月二三日絞首刑に処された。（筆者訳）

岩淵少将指揮の海軍陸戦隊と沈没艦生き残りの水兵は、もともと第一四方面軍の指揮下にはなく、マニラ防衛を主張し脱出しようとはしなかったはずであり、攻囲を抜けられなかったから市民の虐殺を行った、というのもおかしな話であるが、山下大将が不公正な復讐裁判でBC級戦犯にされ処刑された、という記述はアメリカの刊行物としては一種驚くべきものがある。映画『パール・ハーバー』で、野っ原に陣幕を張って、「七生報國」とか「忠君愛國」という訳の判らない幟を立てて、軍令部が作戦会議を行っているシーンが平均的アメリカ人の日本観かも知れないが、専門家は戦史をかなり公正に見ているという事が判る。もっとも、こんな本を買ってまで読む人間は別として、国民には『パール・ハーバー』のような日本観を植えつけておいて、裏では、正しい分析を行ってあらゆる可

能性に備えておく、という二重管理を図っているのかも知れない。

日本陸軍の外国語教育

イラストは、キスカ島でアメリカ軍が発見した、撃墜されたアメリカ軍パイロットの墓標である。もちろん立てたのは日本軍の守備隊だ。書いてあるのは、“Sleeping here, a brave air-hero who lost youth and happiness for his Mother land. July 25 - Nippon Army”である。キスカに展開していたのは、峯木陸軍少将率いる北海守備隊二四〇〇名と秋山海軍少将率いる第五一根拠地隊二八〇〇名だが、Nippon Armyとあるから立てたのは陸軍だろう。海軍ならばImperial Japanese Navyと書くはずである。隣のアッツ島が玉砕しても、撃墜された敵兵に敬意を表し、丁寧な作りの墓標を立て丁重に葬った、武人の心根が偲ばれる。五二〇〇名の陸海

キスカの墓標

軍将兵の中に、これを引っこ抜いて壊すような不心得者は一人もいなかった。このキスカの墓標のエピソードは、日本でよりアメリカでよく知られているかも知れない。

言うまでもなく、戦場で一番必要とされるのは敵情である。言葉の違う国が戦ったなら、相手の言葉が判らなければ、捕虜の尋問もできないし、たとえ平文で無線を傍受しても何を言っているのか理解できない。命のやり取りをしている最前線で、これは作戦上とんでもなく不利なことであり、小学生でも判る理屈である。しかし、こと日本陸軍に限っては「英語の教育を全く行わなかった」、「日常生活でも敵性語を使うことは完全に禁じられていた」と、まともに信じている人が多い。これは、戦後年数が経つに従ってステレオ・タイプ化されひどくなってきたように思う。昭和四一年（一九六六年）から四三年（一九六八年）にかけて作られた市川雷蔵主演の大映映画『陸軍中野学校』シリーズでは、偏屈な陸軍将校は出てくるものの、外国語はごく普通に使われているではないか。それともこれはスパイだから特別で、前線の日本陸軍は、本当に敵情を得る手段としての外国語を放棄し、精神主義で吶喊するだけの、神憑り軍隊だったのだろうか？

実際の日本陸軍の英語教育がどうなっていたのかを見てみよう。確かに陸軍は昭和一五年（一九四〇年）に予科士官学校と経理学校の入学試験から英語を廃止した。しかし、これは入学後の教育方針とは全く関係の無い理由によるものである。指揮官として必要な資質を選ぶのに、中学校四年修了時での英語能力より優先するものがあったというだけで、入学後の授業としての外国語は、終戦まで続けられた。幼年学校では、昭和一八年（一九四三年）で、年間四八五時間が外国語学習に充てられ、これは三年間の科目別総時間数では最大である。英語の授業は人員報告まで英語で行われ、今日の学習範囲は次の授業までに丸暗記させられる、という厳しいもので、教官もともに「国家のためにがんばろう」という雰囲気だったらしい。

予科士官学校では、支那語／露語がメインで、露語既習者には英語の授業が組まれ、昭和一九年（一九四四年）の「外国語教育の目的と内容程度」という示達には、目的「外国語ハ戦場実用語学ノ基礎ヲ附与スルト共ニ一部ニ対シテハ既習語学ノ能力ヲ向上シ将来ノ要求ニ即応セシム」とある。陸軍諸学校の英語教育の成果は、先のシンガポール攻略時の降伏交渉や、キスカ島で日本軍守備隊が残した、アメリカ軍パイロットの墓標が証明している。

もともと英海軍に範を取った海軍と違い、陸軍はフランス、次いでドイツに範を取ったため、軍事の学習は仏・独語が主だった。しかし、ドイツ主流になってからは、主として翻訳本を使った。露語と支語は仮想敵国語として教育に重点が置かれ、南方進出論が高まるにつれて、英語も重点としたもので、米英を仮想敵国とした海軍とは異なり、陸軍の将校のタマゴには数ヶ国語を教育する必要に迫られていたのだ。その点、海軍は仮想敵国の言葉は英語だけで良かったのだから楽だった。（とはいえ海軍兵学校のカリキュラムにも独・仏・露・支語はあった）

一般に陸軍は明治時代から訳語にして日本語化することに努力し、小銃のボルトは槓桿《こうかん》、ファイアリング・ピンは撃茎《げっけい》としたが、これは初年兵にとっては日本語であって日本語ではないようなもの、強姦や月経として覚えたという、笑うに笑えぬ話もある。しかし、日本語化した英語はそのまま使うようになっていった。一方の海軍は英語をそのまま使ったが、次第に変質し、ウォッシュ・タブがオスタップ、ラダーがラッタル、小料理屋がスモールレス（スモール・レストラン）、筆おろしがペンダン（ペン・ダウン）となっては、英語だか何だかわからない。

変な話だが、冒頭に書いた「日本語の中に入った敵性外来語排除」と、「英語教育」は全く別ものであり、敵性語を禁止したのだから当然英語教育も禁止したのだろう、というのは思い込みに過ぎない。陸軍の諸学校が英語教育を続けたように、中等学校での英語教育も続けられており、昭和一七年（一九四二年）三月には、英語教授研究所を語学教育研究所に改め、英語に加え独仏、及び東アジア諸国語の研究が開始された。同月、各大学、英米人教師を解職。七月、高等女学校の英語を必修から随意科目として、週五時間から三時間へ短縮した。昭和一八年一月、中等学校令にて、英語は一、二年必修、三年以上は選択となる。このまま終戦まで変わらない。一部のエキセントリックな官僚と軍人を除けば、語学の重要性は、軍にも官にも認識されていたのが判る。

もっとも、昭和二〇年（一九四五年）四月より、国民学校初等科を除き、一年間授業停止とされたので、英語、外国語の授業も当然無くなってしまった。実際には、それ以前から英語ができる教師や、高等師範の学生がみな徴兵（その後、幹候にして少尉任官させてしまえば、陸軍にとってこんな便利なことはない）されるか、海軍の予備士官に志願してしまい、法令がどうあろうと、やろうと思っても英語の授業が事実上できなかった可能性は大きいだろう。

陸軍省後援映画の中の英語

最後に陸軍が敵性語についてどのように扱っていたか、二次資料ではなく一次資料で確認してみよう。別に難しくも何ともなく、今市販されているＤＶＤや文庫本で充分なのだ。

昭和一九年（一九四四年）公開の『加藤隼戦闘隊』という東宝映画がある。時局がら、情報局選定国民映画、後援陸軍省である。飛行第六四戦隊長、加藤建夫中佐（戦死後少将）の着任から戦死までを描いた伝記映画だ。その終わりに近い部分にこんな描写がある。双発の敵爆撃機が侵入して来る。加藤部隊長は、整備兵に「回せ〜！」と命じ、「チャンス、チャンス！」と叫んで愛機に駆け寄る。シーンは夜の士官食堂に変わり、アップで映るメニューはライスカレー。「辛味入汁掛け飯」などとは呼んでいない。そこでこんな会話が交わされる。

「部隊長殿はさっき飛び出される時、何と言われたかご存知ですか？」

「何て言ったか？」

「は、チャンス、チャンスと言われました」

「そんなこと言ったか？」

「は、ふた声、チャンス、チャンスとはっきり言われました」

「敵の国の言葉を使うなんて、罰金ですな〜」

「あいたー！　そうか、あははは！」

「罰金、罰金！」

「いや、言わないぞ〜」

「確かに言われました、罰金、罰金!!」

このほか、作中、燃料のことは単に「ガソリン」と呼び、「航空揮発油」などとは呼んでいない。繰り返すが、これは、陸軍省が後援した情報局選定国民映画である。まるで「敵性語を使ってはいけない」という大政翼賛会や内務省のマジメな取り組みを茶化しているようだ。これを見た国民は笑ってよいものかどうか、さぞかし迷ったことだろう。


映画ついでに『ハワイ・マレー沖海戦』という、こちらは昭和一七年（一九四二年）海軍報道部企画、海軍省後援の映画がある。『加藤隼戰鬪隊』より二年も早い。この中で、昭和一一年（一九三六年）の設定で、江田島（海軍兵学校）を出た海軍将校と予科練に進みたい従兄弟が並んで歩いているシーンがあるのだが、会話の中で「天皇陛下」という単語が出たとたんに、海軍将校が直立不動になる。これにはびっくりした。また、首尾よく予科練に入った従兄弟が、体格が貧弱で相撲の授業で負け続けるのだが、やっと勝つと教官が「今のは技で勝ったから良くない。力で勝つまで続けろ」と理不尽なことを言う。相撲の技は八二あると思うが、海軍では「押し出し」とか「寄り切り」しか認めないということらしい。

前線部隊ではどうしたか

英語の話に戻すと、陸軍士官学校第五四期卒、機甲将校として戦車第一聯隊の、小隊長、中隊長、戦車第一師団参謀を歴任し、マレー、シンガポール、ビルマ、満州で戦い、終戦直前に本土防衛のため帰国した寺本弘氏の『戦車隊よもやま物語』にこんなエピソードが載っている。

昭和一七年（一九四二年）の暮れ、南方作戦も一段落し、ビルマから満州の寧安に移駐した寺本中隊長ほかの戦車第一聯隊は、翌一八年（一九四三年）一月下旬に戦車第一旅団長の巡視を受けた。砲戦車中隊（九七式中戦車で代用）の整備訓練を巡視しているとき、戦闘室で整備していた操縦手が砲手に「ドライバーをたのむ」と声を掛けた。「諒解。ウェスはいいか?」「ありがとう、ついでにたのむ」という会話を、旅団長に随行していた将校が聞き咎め、「待て！　敵性語を使うとはなにごとだ！」と車長に下車を求めた。歴戦の下士官車長は「てきせいご？」と、何を叱られたのか判らないまま、急ぎ下車した。くだんの将校は、「ドライバーやウェスは英語だ。使ってはならん。今後はドライバーを柄付螺回《えつきらまわ》しと呼ぶように――注意しておく」と告げたが、妙な新語で車長も復唱できない。仕方ないので「判りました。今後ねじ回しと呼びます」と答えたそうだ。

寺本中隊長がこの将校と話し合ったところ、敵性語の使用禁止は近く指令されるという。そうなると部隊としては徹底しなければならなくなる。しかし、血液型のA、B、O、ABをどう呼び替えるのか、軍隊符号のi（歩兵）、TK（戦車）、A（砲兵）等をどうするのかの代案も無いというのだ。寺本中隊長は「第一線中隊では、すでに日本語化されたボルトやナットのような言葉の使用にまで神経を使う余裕はありません。以上のことは、上司にも報告しておきますが、よろしく……」と別れた。

あまりにも馬鹿げた施策と思いながらも、聯隊長に報告すると、「うつつを抜かすにもほどがある。英語を禁止するなど、小児病的発想に過ぎない。孫子の兵法にある敵を知り云々の一節でも送ってやれ」と笑って済まされてしまった。聯隊本部の教育主任に敵性語禁止の根拠を調査してもらっても、結局は判らずじまいでそのまま沙汰止みになったそうだ。

敵国語を禁止したからといって、戦さに勝てるものではあるまい。まして自分らが不自由な思いをしてまで禁止するなど、寄席の大喜利で「た」の字を言ってはいけない「た」ぬきの何とか、みたいなものだ。短く的確に意思を伝えなければならない最前線の部隊で、このようなことに構っているヒマは無かったはずだ。戦車第一聯隊は戦地ビルマから満州に移駐したが、受け入れた新編の戦車師団はまだ戦塵にまみれておらず、満州建国一〇周年を祝っている真っ最中だった。このエピソードも、両者の緊迫感というか、戦闘に勝つために気を配るべき物ごとの優先順位が全く違っていたために相違ない。

『加藤隼戦闘隊』と寺本氏の手記から、日本陸軍と敵性語の本当の関係をご理解いただけたと思う。エキセントリックな話は往々にして尾ひれが付いて広まるもの、巨大な集団である軍隊の真の姿を検証するのは難しいが、戦後に作られたイメージにあまり引きずられないことも重要だと思う。

第三章——風船爆弾はローテク兵器だったのか

風船爆弾という兵器をご存知だろうか。多くの人が抱いているイメージは、和紙とこんにゃく糊で作った風船に爆弾をぶら下げて、アメリカ本土を爆撃しようとした日本陸軍のローテク兵器、銃後で厖大な人員を動員したのに戦果も無く、何ら大東亜戦争の帰趨に影響を与えることの無かった無駄の代表、といったところだろう。不幸なことに「戦果」はオレゴン州南部のクラマス湖森林公園にピクニックに来ていた、ミッチェル神父の夫人と近所の一二～一三歳の子供たち五人の、六名の民間人であった。昭和二〇年（一九四五年）五月五日のことである。現場には「この地は第二次世界大戦中、アメリカ大陸で敵の攻撃のために死者を生じた唯一の場所である」と彫られたブロンズ板をはめこんだ記念碑が建てられている。

一発一万円の製造費、基地整備と運用費で二億円という巨額の予算を付けられたオーガニック兵器（?）は、本当に日本陸軍の後進性と非合理を代表する「笑いもの」で、米国が歯牙にもかけない「駄作兵器」だったのだろうか。

この単価と予算がどれほどのものか、おなじみの兵器と比較してみよう。昭和一五年（一九四〇年）に帝国海軍と三菱で交わした契約書では、零戦一機五万七〇〇〇円、同じく三菱に発注された二号艦（軍艦「武蔵」）の請負代金五二六五万円である。陸海軍大将の俸給が六六〇〇円であった。一〇キロあたりの米価は昭和一五年（一九四〇年）で三円三〇銭、平成二七年（二〇一五年）で三九四六円だから、一二〇〇倍すればほぼ現在の金額になる。換算した現在価格は次の通り。ただ、一二〇〇倍では大将の俸給が安すぎるが……

風船爆弾　一二〇〇万円
零戦　六八四〇万円
武蔵　六三一億八〇〇〇万円
（註：呉海軍工廠で建造された一号艦「大和」の建造費は一億三七八〇万二〇〇〇円＝現価一六五四億円だった。二号艦の金額が小さいのは、砲熕関係やＶＨ甲鈑、ＭＮＣ甲鈑等を海軍が三菱に官給したからである。従って実際のコストは、「大和」も「武蔵」も現価で一六五四億円と考えなければならない）
大将俸給　七九二万円

参考　戦闘機Ｆ‐15Ｊ　一〇八億円
イージス護衛艦「あたご」型　一四七五億円

10式戦車　　　　　　　九億五〇〇〇万円
120ミリ戦車砲弾（ＡＰＦＳＤＳ弾）一〇〇万円

このコストから、風船爆弾がありふれた和紙とおでんの種からできた爆弾ではないことが判るだろう。昭和一三年（一九三八年）に施行された国家総動員法の下、女学生や女子挺身隊といったタダ同然の労働力を使い、現価一二〇〇万円というコストは半端ではない。

ではまず風船爆弾とはどんな運用計画のもとに開発された兵器か見てみよう。

風船爆弾開発の経緯

きっかけは、昭和一七年（一九四二年）四月一八日、空母「ホーネット」を発艦したドゥリットル陸軍中佐率いる一六機のＢ25による日本本土初空襲である。これへの報復として、ミッドウェー・アリューシャン攻略が企図され、合わせてアメリカ本土を攻撃するための気球爆弾の研究が登戸の第九陸軍技術研究所（九研）で始められた。この通称「登戸研究所」は現在の明治大学生田キャンパス（理工学部、農学部）である。ここは秘密兵器の研究開発と製造実験を行う施設で、諜報、防諜、謀略、宣伝などの器材のほか、怪力光線のようなおよそ荒唐無稽と思われるようなものまでその研究対象としていた。
研究兵器にはその開発順に「いろは」四七文字の秘匿名称が与えられ、アメリカ本土から一〇〇〇キロ離れた洋上に浮上した潜水艦から放球する計画の気球爆弾は、三二番目の「ふ」号兵器と呼ばれた。これが風船爆弾のルーツである。なので「ふ」号兵器という命名は、風船爆弾の「ふ」から取られたものではない。

この気球爆弾は、物理関係全般を扱う第一科（科長、草場季喜《すえき》技術大佐）が担当した。ちなみに第二科（科長、山田技術大佐）は化学関係全般を担当し、秘密インク、秘密カメラ、毒薬、特殊爆弾、時限信管、催涙ガス等を研究開発、第三科（科長、山本主計大佐）は、経済謀略資材、及び印刷関係謀略資材、要するに偽札とパスポート、各種証明書の偽造の研究である。第二科の作品には石炭爆弾（本物の石炭そっくりに擬装した小型爆弾）など、第三科には中国法幣（中央銀行・中国銀行・交通銀行券）や中国辺区券（中共地区流通券）などがあった。第四科（科長、山本主計大佐兼任）は、第一科から第三科が研究開発したものを実用化するための、最終実験及び量産工程を担当した。

草場技術大佐（最終階級、技術少将）は、中央幼年学校出身、陸軍士官学校第三二期卒、大正一二年（一九二三年）、工兵中尉のときに陸軍砲工学校高等科第二九期を優等で卒業した秀才である。その後、東京帝国大学工学部物理学科に進み、昭和二年（一九二七年）卒業、ドイツ駐在武官となった。昭和一五年（一九四〇年）八月一五日には公主嶺に創設された独立工兵第二七聯隊の聯隊長に就任、一〇月から東満州国境に近い興源鎮の山中に移り、ソ満国境の陣地を突破するための遠隔操縦器材「い」号装置の猛訓練にあたった。

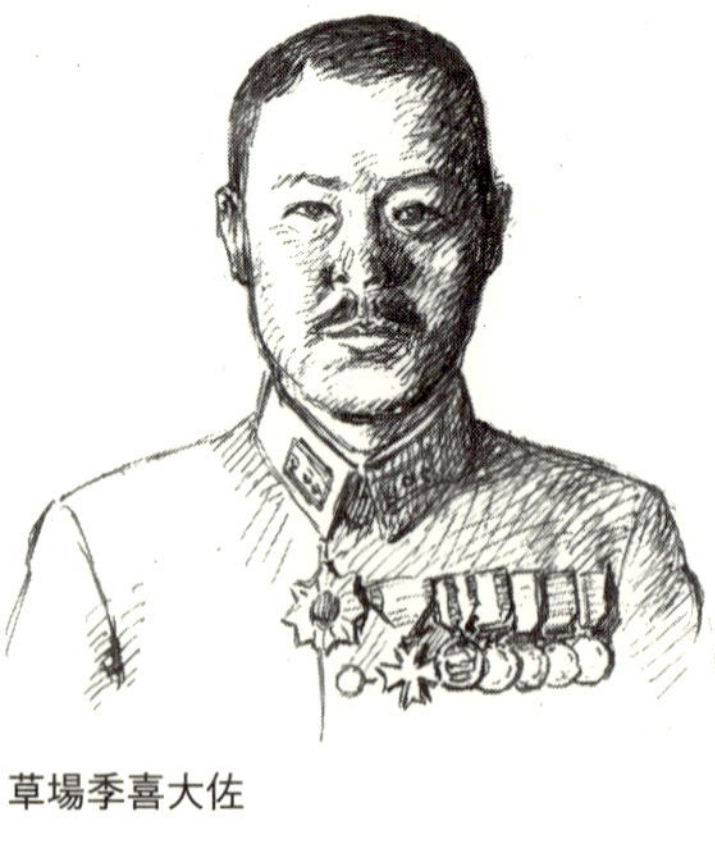
草場季喜大佐

「い」号装置は、履帯を装備した全長一・八〇メートル（甲）、二・三三メートル（乙）の電動車に作業機を搭載し、鉄条網の破壊、トーチカの破砕を行うものである。およそ一〇〇〇メートルの距離まで遠隔操縦可能で、最大三〇〇キロの爆薬を搭載できた。電動車、作業機とも自爆するのではなく、作業機が爆破管、集団爆薬を押し出し、導管を離れると自動的に導火索に点火され、同時に電動車は後退を開始、危険域外に退避する。草場大佐の猛訓練により、独立工兵第二七聯隊はこの「い」号装置を自由自在に使いこなすほどに練度が上がったという。

彼が使用を考えたのは陸軍が昭和八年（一九三三年）ころから研究していた、薄くて強靭な楮《こうぞ》和紙を使った風船である。この極秘の気球紙を試作したのは、埼玉県比企郡小川町の二軒の漉き家であった。小川町は東京からも近く、砲弾火薬を湿気から守る砲兵紙などの軍需紙を漉いていた。強靭な紙質が急激な水素ガスの膨張にも耐え得ると判定され試作を命じられたが、均質な厚さを出すのは困難で、開発には二年の歳月がかかった。

草場大佐は部下の武田大尉に

①アメリカ沿岸から一〇〇〇キロの洋上に浮上した潜水艦から出撃
②無人でアメリカ本土へ報復攻撃
③参謀本部との合意
④軍令部も陸軍の実験成功に期待

の四点を伝え、和紙製気球による爆撃兵器の開発を命じた。武田大尉は、西田知男中尉、折井弘東中尉、中村一夫中尉とともに研究室にこもり、「ふ」号兵器の開発に没頭した。和紙をこんにゃく糊で幾重にも貼り重ねた、直径六メートルの気球が試作され、昭和一八年（一九四三年）二月、鳥取県米子市で放球実験が行われた。この実験は成功し、気球爆弾は一〇〇〇キロ先の太平洋上まで飛行した。

海軍の変節と二重開発の始まり

ここで、草場大佐が示した四項目の四つ目に注目する必要がある。参謀本部は合意しているが、軍令部ははっきりとこの案に賛同し、陸軍が開発した気球爆弾を海軍の潜水艦に搭載して陸海協同のアメリカ本土攻撃を実施する決意がある、とは言っていない。帝国海軍お得意の、玉虫色の回答なのである。

草場大佐は武田大尉にすぐ呉軍港へ行って海軍と潜水艦艤装に関する協議を行うよう命じ、それを受けた武田は、放球作業中にアメリカ軍に発見されてもすぐに日本潜水艦と判定されないような特殊艤装を打ち合わせて、九研に戻った。この打ち合わせでは海軍は協力的だったが、三月になると突然、艦の不足を理由にアメリカ沿岸への潜水艦派遣を断ってきた。時限式爆弾焼夷弾投下装置の点検、気球の精密検査、放球作業の短縮訓練を続け、決死の覚悟で潜水艦に乗り組み攻撃しようと気合を張らせていた武田大尉以下四名の陸軍技術将校は、穴の開いた気球のように、急速に張り詰めた気持ちがしぼんでいくように思えた。

しばらくすると、九研に「海軍が飛距離一〇〇〇キロの長距離攻撃気球の実験を行っている」という話が伝わってきた。普段は温厚な学者肌でめったに激高することのない九研所長、篠田鐐《りょう》技術少将（最終階級中将、大正三年〈一九一四年〉陸軍士官学校第二六期卒、東京帝国大学工科応用化学卒、理学博士）は草場に向かい、「海軍が潜水艦協力を断わり、このような対応をするならば、日本からアメリカ本土を直接攻撃できる気球爆弾を作るしかない。九研の面子にかけて完成すべし」と命じた。前代未聞の一万キロを飛翔する風船爆弾は、こうして陸軍に言わせれば海軍の裏切り、海軍に言わせれば相談に乗ってやっただけで誰もやるとは言っていない、というお馴染みの対立というか不一致の中から生まれたのだった。

これに先立つ昭和一四年（一九三九年）、陸軍がドイツからメッサーシュミットBf109のエンジン、ダイムラー・ベンツDB601のライセンスを購入しようとしたが、海軍は何の事前打ち合わせもなく、前年の一一月に五〇万円（現在価格六億円）で先に買っており、陸軍への供与を拒否した。ダイムラー・ベンツ社は同じ国に二度のライセンス料を支払わせるのは商道徳に反すると辞退したが、相手がどうしても払うというのでは是非もない。

結局、陸軍は改めて五〇万円を支払って、全く同じライセンスを購入した。ヒトラー総統は「日本陸海軍は仇同士か」と笑ったそうだが、日本陸軍は海軍に煮え湯を飲まされても、また信じてしまうお人好しのところがある。シーレーン防衛すら満足にできない海軍のせいで離島の兵に補給が続かず、自前で護衛空母や潜航輸送艇まで作ろうとしたのも、同じ心情からだろう。

ともあれ、こうして気球爆弾は陸海軍ともに、独自開発することになってしまった。ただでさえ資源の乏しい我が国がこんなことをしていたら、戦争遂行に支障を来たすのは当然である。草場大佐は、前記の気球爆弾開発に当たった武田大尉以下四名に加え、大槻大尉、吉崎中尉、藤井中尉を増員し、材料開発には山田大佐、伴少佐を協力要員として開発を急がせた。一方、民間から藤原咲平博士、八木秀次博士、真島正市博士、佐々木達治郎博士を呼び指導を仰いだ。他に協力研究機関として第五陸軍技術研究所(気球航跡の標定)、第八陸軍技術研究所(材料面の研究)、第二陸軍造兵廠(火薬・焼夷弾の研究)、陸軍気象部、中央気象台(太平洋気流研究)が参画した。

偏西風の研究と実践計画

冬季に強い偏西風が吹くことは草場大佐も知っていたが、風船爆弾を的確にアメリカ本土に送り込むには、月ごとに吹く風の速さを知る必要がある。なぜか? 風の速さによって要する日数が変わり、日数が増えればそれだけ風船は昼夜の温度差の影響を受ける回数が増えるからである。草場大佐に懇請された高度一万メートルの偏西風に関するデータは、中央気象台の藤原博士が荒川秀俊技師に作成させた。それは次のようなものだった。

一月　秒速六二・三メートル(時速二二四キロ)
二月　秒速七六・一メートル(時速二七四キロ)
三月　秒速五四・〇メートル(時速一九四キロ)
四月　秒速三四・七メートル(時速一二五キロ)

五月　秒速三八・一メートル（時速一三七キロ）
六月　秒速三五・三メートル（時速一二七キロ）
七月　秒速一五・八メートル（時速五七キロ）
八月　秒速一二・四メートル（時速四五キロ）
九月　秒速二六・〇メートル（時速九四キロ）
一〇月　秒速四二・一メートル（時速一五二キロ）
一一月　秒速四九・〇メートル（時速一七六キロ）
一二月　秒速六六・三メートル（時速二三九キロ）

荒川技師の計算では、岩手県宮古と千葉県銚子から放球したと仮定すると、アメリカ西海岸までの所要日数は一一月、一二月で三日、一月から三月は二日半であった。北海道の根室からならば約一日短縮できるが、万が一ソ連領内に着弾すると参戦の口実を与える可能性が大なので候補地から外された。このデータをもとに、「ふ」号兵器の実用可能な時期は一一月から三月とされた。

一方海軍では、風船爆弾によるアメリカ本土攻撃を進めることに決した永野軍令部総長官邸での会議で、参謀が「夏の乾季に焼夷弾攻撃をかければ、アメリカ中を山火事にできる。来年の夏にはぜひとも成功させなければならない」と欣喜雀躍していた。この参謀は亜成層圏での偏西風が夏季には冬の四分の一以下の風速でしか吹いていない、ということを全く知らないのだ。

陸軍のように、陸軍士官学校と砲工学校を卒業した砲工兵科の優秀な将校を、員外学生として帝国大学の理学部や工学部で学ばせて技術将校にするのではなく、海軍兵学校を卒業した将校は死ぬまで兵科であり、造船、造機、造兵、水路科の技術士官（将校ではない）は民間大学、専門学校出身者から採用していた海軍とでは、将校の科学的素養のレベルにかなり隔たりがあったようだ。

陸軍式風船爆弾の構造

陸軍は、昼夜の温度差による気球内部のガス圧変動に対して、強い日光で暖められて膨らめば水素ガスを排気弁から放出する無圧気球方式を選んだ。この方式だと、昼間に破裂することはないが、気温が下がれば水素ガスの温度も下がって体積が減り、浮力が減ずる。

そうすると高度が下がって気圧も高くなり、ますます気球は萎んでついには落ちる。そのため、高度が下がったらバラストの砂袋を切り離し、もとの高度を維持することが考えられた。

この高度保持装置には重量二キロの砂袋が三二個吊られていて、それぞれに切り離し用の発火爆栓が取り付けられている。風船が高度八〇〇〇メートル以下に降下すると、高度スイッチが作動し、砂袋を吊った下部爆栓が発火、その砂袋を切り離す。とともに別の導火索に点火し数分後に上部爆栓を発火させて、第二の砂袋投下回路が開かれる。もし、まだ風船が高度八〇〇〇メートル以上まで上昇していなければ、再び高度スイッチが作動して、二番目の砂袋が切り離される。

これが繰り返されて、風船爆弾は高度一万メートルから八〇〇〇メートルの間を、日数分昇ったり降りたりして一万メートル彼方まで飛んで行くのだ。そして最後のバラストを落とすと爆弾と焼夷弾が投下され、風船自身も一時間二二分で燃える一九メートルの導火索の先に取り付けられた爆弾により自爆して、証拠を残さず燃え尽きる、という計画だった。風船爆弾全体の重量は次の通り。

気球　七五～八〇キロ
高度保持装置　約二五キロ
バラスト（二キロの砂袋三二個）　約六四キロ
投下弾（一五キロ爆弾一個、五キロ焼夷弾四個）　三五キロ
合計約二〇〇キロ

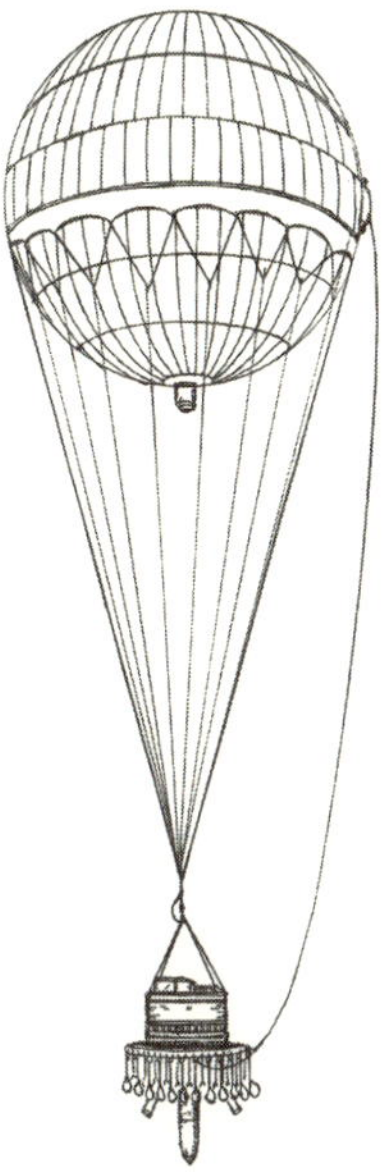

風船爆弾

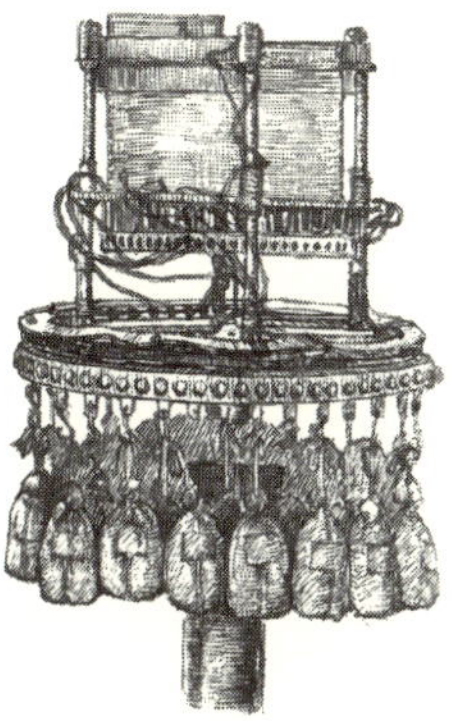

自動高度維持装置

飛行機で高度一万メートルを飛んだことがある方なら判る通り、この装置は摂氏零下六〇度の低温と亜成層圏の低圧の中で、間違いなく作動しなければならない。導火索と爆栓については第二陸軍造兵廠の深津大尉が、高度スイッチの作動は第八陸軍技術研究所が試験した。特に高度スイッチ作動の

ための電池や潤滑油の性能保持は困難で、耐寒電池をセルロイドの二重箱に入れ、間を水で満たして起電力を維持する方式が考案された。零下数十度になると、氷が逆に保温材になるのである。

この当時は高空での環境をシミュレートする方法が乏しかったので、仕様を変えたさまざまな導火索、電池、潤滑油が実際の風船に乗せられてテストされた。これらの実験気球は千葉県一宮の海岸から二〇〇個あまりが飛ばされ、観測ゾンデによりデータが収集された。このゾンデは軽くて特殊信号の電波を出し続けるもので、その発信可能時間は六〇から八〇時間に及んだ。全ての気球の仕様と、ゾンデによって得られた、高度、距離、時間の記録が照合され、高度保持装置、導火索、電池、潤滑油の改良に役立てられた。

一方、海軍が開発したものは、排気弁のない密閉式の有圧気球だった。有圧気球はまだほとんど実用化されていなかった技術で、設計は名古屋帝国大学の中村教授や藤倉工業株式会社の関根技師が担当した。球体は二〇匁の絹羽二重三枚をゴム糊で貼り合わせたもので、縫い目はミシンがけをしてあった。有圧気球はガス漏れさえなければ、幾日でも飛び続けられるが、充填する水素量が精密に管理されなければならないことと、上昇速度が遅い、という欠点があった。また、球皮が陸軍式に比べ四から五倍も高価であり、ゴムやベンゾールといった重要戦略物資を大量に必要とする。それでも、海軍式の気球は、陸軍式が三〇時間の滞空記録だったときに、六〇時間を得ていた。

和紙とこんにゃく糊

陸軍式、海軍式のどちらとも決められないまま、それぞれが生産準備を進めていた。陸軍は、「ふ」号兵器の球体に使う楮紙を漉く全国の工房が、祖先伝来のばらばらなサイズの木枠を使っているため、大判二種（幅六一センチで長さが一九三センチと一七〇センチ）、小判三種（幅六七センチで長さが九七センチと六一センチ、幅五二センチで長さ六一センチ）の規格五種類にせざるを得なかった。厚さは一〇〇〇枚あたり重量の規格で、六一×一九三センチが四貫五〇〇匁（一六・八キロ）から五貫目（一八・七キロ）である。一枚あたり一八グラム程度で非常に軽い。が、一発の風船爆弾には、小判二号換算で四〇〇〇枚も必要なのだ。この四〇〇〇枚はこんにゃく糊で五層に貼り合わされるので、出来上がった積層紙では八〇〇〇枚になる。

接着剤に使ったこんにゃく糊は古くから紡績、染物、塗料、防水布などに使われた素材で、主成分のこんにゃくマンナンは分子量が百万単位の高分子化合物である。これは水に溶けて粘稠《ねんちゅう》な糊状になるが、アルカリによって凝固し不溶性になる。ゴム糊ほど重くなく、強固で防水性も化学合成材料よりも優れていた。風船爆弾一個当たり九〇キロのこんにゃく粉が必要と計算されたが、内地の生産量は年六〇〇〇トンで内七五パーセントが食用だった。つまり食用、工業用全てを風船爆弾に回しても、年六万六〇〇〇発しか生産できないことになる。

運ぶ爆弾と焼夷弾の重量をかけると、全部投下されてもたったの二三〇〇トンである。これでは戦略爆撃にはならなかったであろう。いずれにせよ、こんにゃくは世の中から消え、誰も食べることができなくなった。

海軍式の開発中止と生物化学兵器使用禁止の厳命

昭和一九年(一九四四年)六月末、マリアナ沖海戦の敗北後、総理大臣兼軍需大臣兼陸軍大臣兼参謀総長の東條英機大将は、天皇陛下にサイパン島の死守と陸軍の風船爆弾によるアメリカ本土攻撃を明治節に開始する旨を奏上した。これにより海軍大臣兼軍令部総長の嶋田繁太郎大将は、海軍の気球爆弾開発技術陣に実験中止と資料の陸軍への引渡しを命じた。

今度は海軍がガックリする番だった。その後もB型気球として、海軍式の風船の研究は陸軍に引き継がれ続けられたが、実戦に用いられることはなかった。終戦後、放置された絹羽二重三枚ゴム糊貼り合わせの重い布地は、漁民に持ち去られ、雨合羽や前掛けに化けた。

こうして「ふ」号兵器の主導は陸軍となった。参謀本部には「ふ」号に生物化学兵器（BC兵器）を搭載し、アメリカ本土に撒き散らす案もあった。しかし、サイパン陥落後、参謀総長を辞する東條が、参謀本部員に対する最後の指示として、「風船爆弾で細菌をばら撒くことは、人道的見地とアメリカによる同等の報復の心配があるから、哈爾濱（七三一部隊）で研究している細菌をこれに使ってはならぬ」と厳命した。

風船の生産

原紙を作る作業には、埼玉を中心とした関東地方、高知県、福井県、山口県から九州まで、和紙産地の女学生が動員された。水でふやかした楮の黒い表皮を刃物で削り落とし、白い棒になったものを一旦天日で乾かす。乾いたら五センチ程度に切って煮沸する。こうしてほぐれた楮で和紙を漉く。できた和紙を今度はこんにゃく糊で貼りあわせていく。気球用の原紙は、こんにゃくの厚糊と薄糊で合成皮革のようになっていた。工程は、厚糊―薄糊―和紙―厚糊―厚糊―和紙―厚糊―厚糊―薄糊―和紙―厚糊―厚糊―薄糊―和紙―厚糊―厚糊―厚糊―和紙―厚糊―厚糊―厚糊、というものだった。女学生たちは、薄い和紙を張るたびに掌で丹念にすりこみ、ちょっとでも気泡があればマチ針でつぶして薄糊をすり込んだ。この原紙を「ごわ」と呼んだが、それを作るために女学生たちの指紋も掌紋も擦り減って無くなっていた。

風船の製造は、東京の日本劇場、宝塚劇場、国技館、国際劇場、有楽座を接収して行われた。東京宝塚劇場には、麹町高等女学校、跡見高等女学校、雙葉高等女学校の生徒たちが動員された。浅草国際劇場には隅田女子商業、日本橋高等女学校、忍ヶ丘女子商業、和洋女子専門学校の生徒のほか、松屋百貨店の女子店員も動員された。映画『日輪の遺産』を思い浮かべてもらえばよい。

陸軍は機密保持のために憲兵を派遣し、毎朝、「お前たちが従事する風船爆弾の仕事は、軍事上の重大機密である。親兄弟であろうと絶対に漏らしてはならない。漏らしたものも、聞いたものも死刑に処す。何をやっているのか、どうしても言わなければならなくなったら、物資不足で紙製の軍服を作っていると言え」と訓示させた。日の丸の鉢巻きで髪をおさえて整列した女学生たちは、恐怖で口を閉じた。

風船は、半球を二つ作って貼り合わせる。半球は、各地で作られた「ごわ」を定められた台形状に切り、それを横貼り用、縦貼り用に裁断されたテープ状の「かすがい紙」で貼り合わせて作るのだった。女学生たちが徴用されたのは昭和一九年（一九四四年）九月はじめからだったが、冬になり寒くなると、素手ですくうこんにゃく糊は、手が凍るかと思うほど冷たくなった。陸軍は、電極を使った湯槽を用意し、作業場の廊下の隅に設置したが、これは手を入れると感電するような代物だった。彼女たちはこれを「しびれ湯」と呼んで、指が凍りそうで我慢ができなくなると、目を閉じて「えいっ」とばかりに手を突っ込んだ。温泉の浴槽に電気風呂というのがあるところがあるが、あんな程度のものではなかったようだ。とにかく長くは浸けていられないから、急いで手を湯から出して、作業位置へ駆け戻って行った。

半球を貼り合わせたら、圧搾空気が送り込まれて、漏れがないか二四時間検査される。膨らんだ風船は、直径一〇メートルにもなり、劇場の広い空間を占領した。一つの劇場で一日に完成するのは、平均して一〇個程度だった。合格すると空色のラッカーで塗装されて、たたんで木箱に収められた。女学生たちは、木箱が閉じられる前に、「ごわ」の端切れに鉛筆でメッセージを書いて入れることを忘れなかった。

「兵隊さん、私たちの作ったこの風船で、アメリカを滅ぼしてくださいね」

「どうか上手にこれを飛ばしてくださいね。神州必勝を信じて、どんどん気球を作りますからね」

等々、これらの激励文は、福島県勿来、茨城県大津、千葉県一宮各基地の将兵に回し読みされて、「ふ」号作戦の訓練、攻撃準備の熱を大いにあげさせた。

攻撃、放球開始

昭和一九年（一九四四年）一一月三日未明に開始された風船爆弾によるアメリカ攻撃は、昭和二〇年（一九四五年）四月上旬までに約九三〇〇個が放球され、アメリカ西海岸防衛司令官ウィルバー准将によれば九〇〇から一〇〇〇個がアメリカ大陸（カナダ、メキシコを含む）に到達したという。アメリカ軍は気球が和紙製であることはすぐに突き止めたが、それを薄い合成皮革のように、軽く防湿、気密に優れた素材に仕上げている接着剤が何であるか、ついに特定できなかった。

昭和二〇年（一九四五年）二月、外電がアメリカ連邦検察局の発表として、日本の気球爆弾落下を報じた。天皇陛下は勅使を派遣して「ふ」号攻撃部隊を激励したが、これっきり被害の情報は全く入らなくなってしまった。言うまでもなく、アメリカが強力な情報管制を敷いたからである。狙いは西からかなりの高速で飛んでくる奇妙な物体による自国民のパニック防止と、日本に対する戦果の伝達防止であった。もしも、アメリカ国民に知らしめていたら、冒頭書いたような悲劇は起こらなかったかも知れない。しかし、これはチャーチルがエニグマの解読によってコヴェントリー爆撃を知っていたにもかかわらず、ドイツに解読していることを知られないために、自国民に警告を出さなかったのと同じであろう。戦争指導者は非情なのである。

ウィルバー准将は、防衛策として、第一段「蛍作戦」、第二段「稲妻作戦」を発令した。前者は焼夷弾による大規模な山火事防止、後者は細菌撒布に対する防衛である。特に細菌については、細菌学者四〇〇〇名を動員してあらゆる菌の感染ルートを想定した検討を行った。東條が参謀本部員に厳命した細菌兵器使用禁止など知る由もない。西海岸の飛行場ではアラート待機を続け、レーダーでの探知も試みたが、風船爆弾はほとんどスコープに映ることはなかった。

地質学者のクラレンス・ロス博士は、バラストの砂袋から採取された砂が、東京以北の太平洋岸のものと断定した。貝殻や軽石を含むことから、海砂であることは判っていたが、それを塩釜付近か千葉の海岸と推測するには時間を要した。千葉の一宮は当たっていたが、実際に放球基地があった茨城県大津と福島県勿来は外れた。ルーズヴェルト大統領は、ヤルタ会談ではチャーチルにもスターリンにも、本土が風船爆弾の攻撃を受けていることはおくびにも出さなかったが、日本が謀略放送で戦果を宣伝したため、日本の放球基地を叩け、との指令を下した。それにしても、平時から日本の砂のサンプル採取まで行い、何の役に立つかわからないデータまでも蓄積していたアメリカの情報網は大したものである。

アメリカ軍も知らなかったジェット気流

アメリカ軍は砂から発射地点は割り出せたものの、当時、偏西風（ジェット気流）の存在を知らなかったため、どうやって気球を日本からアメリカまで到達させたのかは判らなかった。昭和一九年（一九四四年）一一月二四日、B29による最初の東京空襲で、サイパン島アスリート飛行場を発進した九四機（出撃したのは一一一機、うち一七機が故障で引き返す。可動率八五パーセント）が富士山上空で東に変針、高度八〇〇〇から一万メートルで東京に向かった。高高度で待機していた陸軍第一〇飛行師団の迎撃機は、秒速六〇メートルを超える偏西風に乗った異常に速いB29を捕捉することができず、撃墜五機、撃破八機の戦果にとどまり、海軍の三〇二空は撃破一機のみだった。

一方、B29も予想外の高速気流により対地速度が七二〇キロにもなり、爆撃照準が乱れ、低い雲に遮られたこともあって、目標だった中島飛行機武蔵製作所を爆撃できたのはわずかに二四機、命中弾は一六発と判定された。残りの七〇機中、六四機は住宅地を盲爆、六機は投弾を断念した。風船爆弾は、アメリカ陸軍航空隊すら知らなかった偏西風を利用した、それまでに実用化された兵器の中で最長の攻撃距離を持つ、最初の大陸間攻撃兵器だったのだ。

風船爆弾の恐怖が原爆投下を早めた

昭和二〇年（一九四五年）三月一〇日、東京大空襲があった日、一発の風船爆弾がワシントン州ヤキマ東方六五キロにあるハンフォード工場（原子爆弾用のプルトニウム製造施設）の近くの送電線にひっかかった。この送電線は原子炉の冷却用電力を供給していたので、停電になった工場は大騒ぎとなったが、非常用ユニットがすぐに作動し、電力供給が再開したので炉心溶融は起こらなかった。

四月一二日、ルーズヴェルト大統領の急死によりトルーマンが大統領に就任した。日本からの気球攻撃は下火になっていたが、秋には再開される恐れがある。何よりもトルーマンを恐れさせたのは、日本によって生物化学兵器をばら撒かれることだった。七月一六日に初の原爆実験に成功すると、トルーマンは「やられる前にやるべきだ」と考えるようになった。そして、広島と長崎に原爆が落とされた。原爆投下は、風船爆弾が撒いた恐怖がその引き金であった。そして、戦後、アメリカ軍が「国益のために模倣したい」と言い、GHQが「もう一度作って飛ばしてくれ」と依頼した（材料不足で実現できなかった）風船爆弾は、アメリカ軍が捕獲してスミソニアン博物館に保管されている一個が残るだけである。

第四章——レーダーの開発と実用化

海軍のレーダーは、よく知られている。最も有名なのは、二式二号電波探信儀一型、通称二一号電探であろう。大和型戦艦の一五メートル測距儀の上に付けられた、大きな四角い網のようなアンテナ、二一九九年の宇宙戦艦ヤマトにも付いているアレである。大和は昭和一七年（一九四二年）七月に装備、武蔵は新造時から装備しており、武蔵のものは量産一号機であった。波長は一・五メートル、航空機編隊を一〇〇キロで、単機を七〇キロで探知できる性能だった。水上射撃用にも使用可能で、八〇ミリのブラウン管の目盛を切り替えて対応した。四万三〇〇〇~三万五〇〇〇メートルで戦艦を探知、一万五〇〇〇メートルでは水柱も探知できたという。

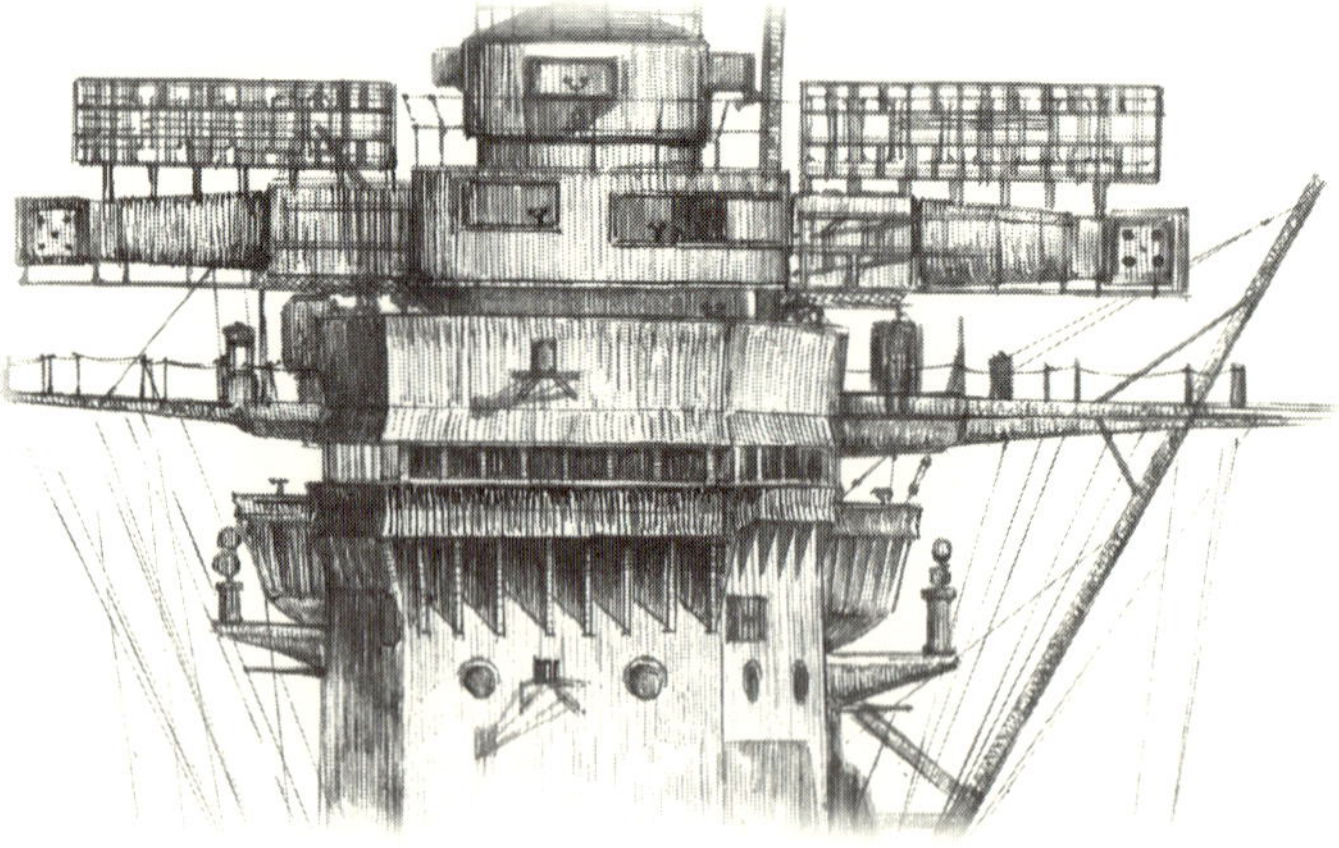

2号1型電探

戦争中の日本に、もうブラウン管などというものがあったのか?と思われる方がおられると思う。が、ブラウン管による受像に世界で初めて成功したのは日本なのである。大東亜戦争から遡り、昭和元年(一九二六年)一二月二五日、浜松高等工業学校(現、静岡大学工学部)助教授だった高柳健次郎が、機械式のニポー円板から送信した片仮名の「イ」の文字を、受像側の電子式のブラウン管に表示することに成功したのだ。走査線の数は四〇本だった。一方、同年、早稲田大学理工科の山本忠興・川原田政太郎両教授は、送信側も受像側も機械式の装置で、一・五メートル角の大画面に走査線六〇本で像を映すことに成功している。ちなみに現代のNTSCの走査線数は五二五本である。

日本放送協会(NHK)がテレビの実験放送を始めたのは昭和一四年(一九三九年)五月であった。当時のテレビ受像機は三〇〇〇円、第三章で見たように一二〇〇倍して現在価格にすると、三六〇万円である。テレビの開発は、昭和一五年(一九四〇年、皇紀二六〇〇年)に予定されていた、東京オリンピックに間に合わせることだった。しかし昭和一二年(一九三七年)の支那事変勃発でオリンピックは流れてしまう。オリンピックに代わって行われた祭典が皇紀二六〇〇年の種々の行事であった。

各電機メーカーのテレビ開発技術者も、テレビから軍事技術に開発の軸を移され、NHKのテレビ実験放送も昭和一六年（一九四一年）六月に終了した。浜松高工の高柳教授の教え子だった久野古夫は、昭和一〇年（一九三五年）に松下電器製作所に入って、すぐにテレビの研究を命じられたが、前記の通り軍事技術方面に変えられ、ラジオ・ゾンデの研究に入った。そして、風船爆弾の飛翔状態を日本に電送するラジオ・ゾンデを作ることになる。ほか、陸軍の電波警戒機や熱線追従爆弾（ケ号爆弾）の電子部品製造にも携わった。

ケ号爆弾とは、昭和一九年（一九四四年）五月から開発が始められた特種爆弾で、一万メートルの高空から投下され、二〇〇〇メートルからは敵艦の発する熱源に向かってパッシヴ・ホーミングする、弾頭重量六〇〇キロの成形炸薬弾である。東芝が開発した赤外線シーカーを備え、赤外線を増幅、電気信号に変えて熱源方向に向け、弾体後部の操縦装置が十文字翼、弾体後部の自動伸展式制動板（スポイラー）を動かして方向修正した。しかし、実用化の目途が立った時点ではすでに、重いケ号爆弾を搭載した母機が敵艦上空に到達できる見込みもなく、実戦で使用されることはなかった。戦後、アメリカ軍技術者は、この日本独自の誘導兵器に驚愕したという。

ドイツ空軍のフリッツXのように、尾部のフレアーを見ながら有人誘導する必要はなく、「撃ち放し」が可能だったが、もし一隻に命中して大きな熱源ができると、それ以降のケ号がそちらに引き寄せられてしまう、という欠点があった。そうだとしても、無人誘導兵器の開発に力を入れていた陸軍の方が、有人滑空爆弾「桜花」を作った特攻マニアの海軍に比べて、まだ人命を大切に思っていたと思う。

大和の電探の話にもどす。大和型には他に、仮称二号電波探信儀二型（二二号電探）、三式一号電波探信儀三型（一三号電探）が装備された。二二号電探は、波長一〇センチのマイクロ波で、直径一・五メートル、深さ二メートルのメガホン状電磁ラッパ型アンテナとダイポールアンテナで構成され、戦艦を三万五〇〇〇メートル、駆逐艦を一万六〇〇〇メートル、潜望鏡を五〇〇〇メートルで探知できた。大和に装備されたものは、サマール沖海戦後の戦闘詳報で、「主砲の電測射撃は距離二〇キロ程度にあった目標（護衛空母または駆逐艦）に対して実施、精度良好（方位誤差三度以内）で射撃手段として有効と認められる」と評価されている。

一三号電探は対空警戒レーダーで、波長二メートル、八木アンテナを四段に積み重ねたもので、高さ四・二メートル。編隊を一〇〇キロで、単機を五〇キロで探知可能というカタログデータだったが、実際は編隊を一五〇キロ、敵がＩＦＦ（敵味方識別装置）を使えば三〇〇キロで探知できたという。こう書くと大和のよく目立つ前檣楼トップの二一号電探より、後檣楼の一三号の方が性能は良かったように見えるが、方位も距離もわからないものだった。

一三号電探（上）と二二号電探（下）

電波探知機（逆探）は、Ｅ27という、探知波長四メートルから七五センチ、アンテナは四五度に傾いた反射板付きのラケット型と全周探知用の円筒型だった。昭和一九年の末からは波長七五センチから三センチまで探知できる電波探知機も完成し、四メートルから三センチまでカバーできるようになった。こちらのアンテナは波長によってラケット型（波長二〇センチ以上）と電磁ラッパ型（波長二〇センチから三センチ）の二つを併用した。

さて、これらの電探や逆探だが、昭和一一年（一九三六年）にいわゆる「闇夜に提灯事件」があり、開発側も用兵側も電波を出すことに一歩ひく原因となってしまった。それは、海軍技術研究所電気研究部の谷恵吉郎造兵大佐（大正八年〈一九一九年〉、東京帝国大学工科卒）が電波による捜索兵器開発を向山《むこうやま》均《ひとし》造兵少将（大正三年〈一九一四年〉、東京帝国大学工科卒）に提言したところ、「敵前で電波を発射して捜索するのは、闇夜に提灯で物を探すようなもの、先に敵に逆探知される。敵前で電波を発射するなど、帝国海軍の伝統、奇襲攻撃には不適である」と一蹴された一件である。なお、「捜索」とは所在のわからない敵を見つけ出すこと、「偵察」とは所在のわかっている敵の動きを探ることである。

こうして海軍の電探開発は遅れたのだが、カタログデータとサマール沖海戦の戦闘詳報を見ると、それなりに役に立っていたように見える。が、サマール沖での栗田艦隊は、各艦の副砲も含めて二五〇〇発撃って命中弾は一二〇発という説もあり、レーダー射撃で命中率が格段に向上しているようには思えない。さらに二二号電探やE27逆探を装備していたにもかかわらず、高速戦艦「金剛」は昭和一九年一一月二一日、夜間に浮上しSJレーダーで日本艦隊をキャッチした潜水艦「シーライオン」に雷撃され沈没。このときは「金剛」「長門」「大和」に加え、「金剛」の前に軽巡「矢矧」、戦艦群の両脇に駆逐艦「浦風」「磯風」「雪風」「浜風」「梅」「桐」が固めていたのに、浮上潜水艦にどの艦も気づいていない。沈んだのは「金剛」だけでなく、「長門」を狙った魚雷が「浦風」に命中して轟沈、第一七駆逐隊司令部、駆逐艦長以下全員戦死。

また、昭和一九年一一月二九日、空母「信濃」も夜間に潜水艦「アーチャーフィッシュ」の雷撃で沈んでいる。「アーチャーフィッシュ」は、雷撃時には潜航していたが、「信濃」を発見した時は浮上してSJレーダーで探知していた。この時も、「金剛」が雷撃された時と同じ「雪風」「浜風」「磯風」が護衛していたが、浮上潜水艦の追跡に気づいていない。

ここで疑問が起きるのだが、海軍の電探、逆探の性能データは最高に調子の良い時のものであって、実際には基礎工業力の不足からくる品質のバラツキや整備体制の不備で設計値を出せていなかったのではないか？あるいは、「闇夜の提灯」論で艦隊側が電波を出すことをためらっていたのではないか？ということだ。どうしても性能と結果が結びつかない。攻撃第一主義の帝国海軍は、二二号電探も電測射撃用にしか使わなかったのではないか、もし防御にも使っていたなら、五〇〇〇メートルで潜望鏡を発見できるはずなのに、どうして潜水艦が射点につく一三〇〇メートル程度で発見できなかったのか？「金剛」が雷撃された時は一〇隻もいて、全ての艦の電探と逆探が不調だったとは思えない。技術側と用兵側両方に問題があったのではないだろうか。

八木・宇田アンテナの「再発見」

後ろから反射器、輻射器、導波器を並べた八木・宇田アンテナは、簡単な構造ながら、鋭い指向特性があり、今ではテレビ放送の受信やアマチュア無線に用いられている。このアンテナの基本原理を発見したのは、風船爆弾の章にも登場した東北帝国大学の八木秀次教授で、大正一四年（一九二五年）に特許申請がなされた。博士自身は、これの応用にあまり興味がなかったようで、八木研究室の宇田新太郎講師に実用化のための研究をさせ、昭和三年（一九二八年）に八木・宇田連名で論文が発表された。

特許が八木博士名単独だったため、国外ではYagi Antennaの名前で呼ばれるようになり、それが逆輸入されて日本でも「八木アンテナ」として広まった。昭和一〇年（一九三五年）には、第三回ブリュッセル万国博覧会にも出品されている。ところが、日本ではこの発明の重要性は顧みられず、忘れ去られていた。

それが「再発見」されたのは、昭和一七年（一九四二年）二月一五日、シンガポールが陥落した後だった。日本軍の占領後、英軍の高射砲陣地の焼却場で一冊のノートの焼け残りが発見され、陸軍の秋本中佐は電波機器に関する重要なメモらしいと看破、陸軍科学研究所の塩見文作技術少佐（昭和六年〈一九三一年〉、早稲田大学理工学部電気工学科卒、のち潜航輸送艇㋴《マルユ》主任担当官）にその調査を依頼した。これは、英軍のレーダー手だったニューマン伍長の本国での研修メモで、その中に「Yagi Array」という単語が頻出していた。

塩見少佐は、その読み方はもちろん、何のことを指しているのか見当も付かず、岡本正彦少佐が品川の捕虜収容所にいたニューマン伍長を尋問し、八木博士の発明したアンテナであることを突き止めた。これが明らかになった時の、日本の軍・官・産・学各界の衝撃は大変なものであった。

シンガポールで鹵獲したのは、このノートの他に、地上固定式電波警戒機と移動式対航空機電波標定機一組（S.L.C. 型レーダー）だった。レーダーとは、Radio Detection and Ranging の略で、対象物に電波を照射しその反射を測定することにより対象物を探知、その位置を検知するものである。世界各国では一九三〇年代から、航空機によって反射された電波が受信機に反応することが知られ、これを航空管制や兵器として利用できないか研究が始まっていた。強い指向特性を持つ八木アンテナは、この反射波の受信にうってつけであり、英米独は早速それを採用したのだった。

陸軍のレーダーとは

それ以前、昭和一四年（一九三九年）に、陸軍は連続波で航空機からの反射波を受信することに成功している。その後、ドップラー方式超短波の超短波警戒機甲を昭和一五年（一九四〇年）に配備している。海軍施設上空を除く本土防空に責任を持つ陸軍は、昭和一七年（一九四二年）までに本土四周はもちろん外地にも設置を終わり、厳重な警戒網を構成した。その代表的なものは萩―蒲項《ポハン》間及び浜田―蔚山《ウルサン》間の二線で、日本海を見通し線二〇〇〇キロ以上の地点において、よく超短波を受信し得たという。しかし、超短波警戒機甲には問題があった。これは発射された電波を物体がよぎる際に発生する電波の干渉（ドップラー）を利用したレーダーなので、敵機の侵入はわかっても、位置や移動方向はわからない。

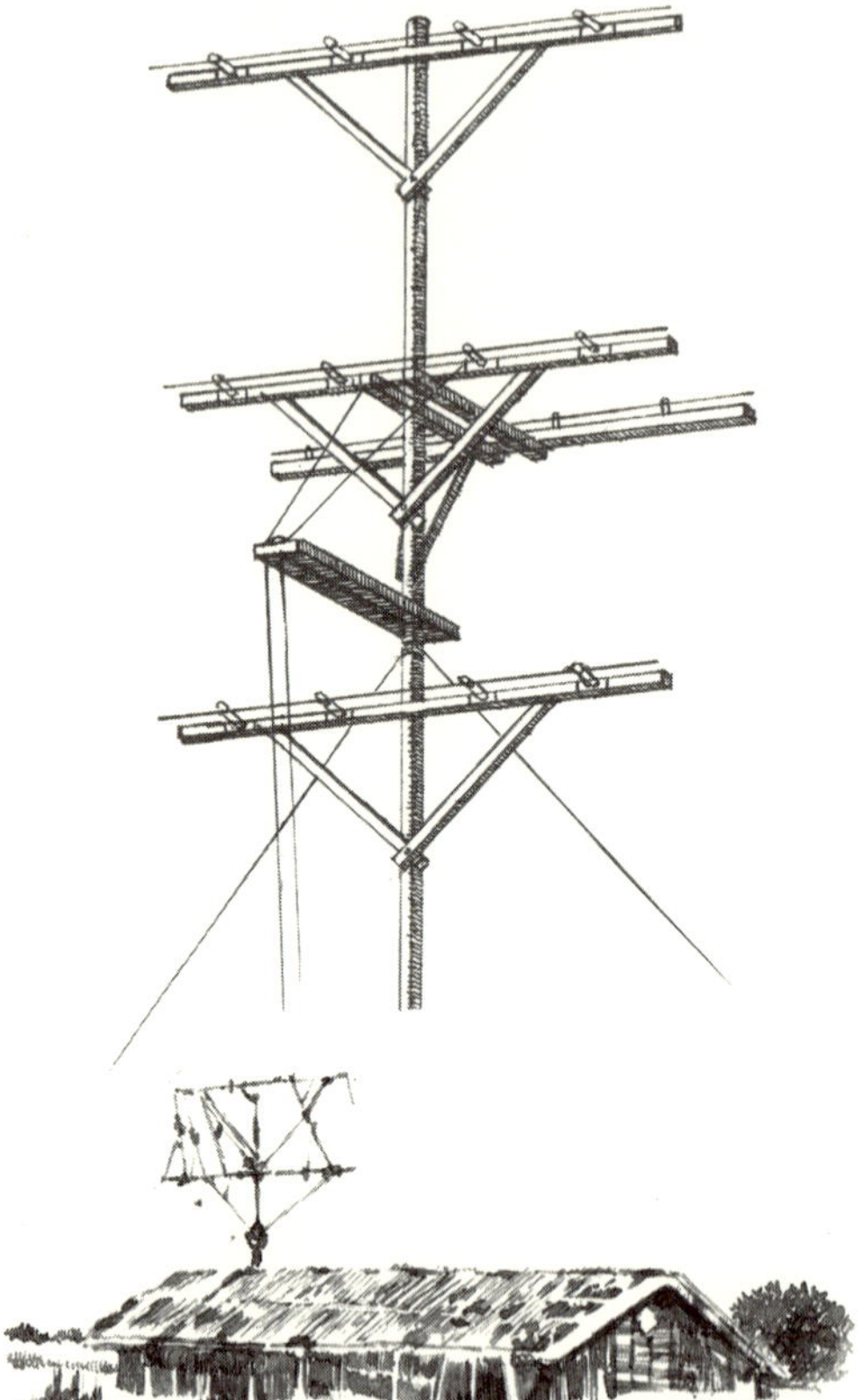

超短波警戒機甲空中線（上）　超短波警戒機乙（下）

陸軍は、ニューマン・ノートと鹵獲したS.L.C. レーダーを元に、「超短波警戒機乙」と高射砲測距回路を追加した「た号二型電波標定機」を完成した。この超短波警戒機乙は、要地用タチ六、対飛線警戒距離三〇〇キロ、測距精度±七キロ、測角精度±五度、重量一〇トンと、高度測定用のタチ三五、対飛測高可能距離一〇〇キロ、測距精度±一キロ、測角精度±一度、測高精度±五〇〇メートル、重量四トンを組み合わせて使用した。

海軍のどの電探よりも探知距離が長いのがおわかりだろうか。地上に固定している陸軍のものと、艦船に積まなければならないものは違う、という人がいるかも知れない。それでは陸軍のものは全て固定式だったかというとそうではない。超短波警戒機乙には、要地用のほかに野戦用というのがあって、自動貨車に積んで移動が可能だった。超短波警戒機乙、車載式移動用タチ一八の諸元は、対飛線警戒距離三〇〇キロ、測距精度±五キロ、測角精度±五度、重量四トン、移動用自動貨車四両に分載、というものだった。三〇〇キロという警戒距離は変わらないのである。戦艦に積むより、野外電源の確保等も考えて、自動貨車に分積する方が技術的に困難だと思うがいかがであろうか。

基本的に攻撃を第一に考える海軍と、防御を第一に考える陸軍の違いが、超短波警戒機乙、た号二型電波標定機双方を、安定度の高い超短波（ＶＨＦ）一本にさせたのだと思う。本来ならば、電波標定機には、海軍の二二号電探のように、より距離や方位測定の精度が高いマイクロ波（ＵＨＦ）を使った方が良いのだが、安定度が悪くなるのを嫌ったようだ。

これらの陸軍の電波兵器のレベルは、ほぼドイツのフライア等、バトル・オヴ・ブリテン当時のものに達していたが、アメリカ軍の妨害電波に対抗するといった電子戦の部分ではまだまだ立ち遅れていた。それでも、超短波警戒機乙は、日本国内のみならず北クリル諸島で、野戦用（タチ七）、移動用（タチ一八）は沖縄で使われた。船舶用とされた「タセ一」は、フィリピンのルバング島、ルソン島中部のボリナオで陸上に上げて使われていた。

電波標定機の方は、東京周辺に配置された高射砲部隊に配備されたが、高射砲自体が高度一万メートルを飛ぶＢ29には有効弾を送れなかったので、結果的にあまり役に立たなかったといえよう。ドイツからもたらされた、ヴュルツブルク・レーダーのコピーの方は、久我山に設置された五式一五センチ高射砲（有効射高一万六〇〇〇メートル）の対空射撃用測距装置として、昭和二〇年（一九四五年）八月一日午後、B29を二機撃墜した、とされるが確証はないようだ。

陸軍レーダーに対する誤解

本土の防空の責任は、大正一二年（一九二三年）に陸海軍の間で、「航空機以外ノ防空機関ヲ以テスル帝国重要地点陸海軍防空任務分担協定」が結ばれ、防空に関する陸軍と海軍の役割分担が定められた。陸軍は重要都市、工業地帯を主体とした国土全般を受け持ち、海軍は軍港、要港や主な港湾など海軍施設の局地防空を担当する、となった。この当時、陸軍は、ソ連空軍爆撃機が沿海州から日本主要都市を空爆することを想定し、海軍はアメリカ軍との日本近海での艦隊決戦を想定して、空母搭載機を発見することが目的であった。つまり、この防空任務協定だけを考えれば、海軍は自分の身を守るだけで、国民の生命財産を守る任務は一〇〇パーセント陸軍が負っていたことになる。

昭和一七年（一九四二年）四月一八日、空母「ホーネット」を発艦したアメリカ陸軍航空隊のドゥリットル中佐率いる一六機のB25による初空襲を許し、衝撃を受けた陸軍は、防空専任の飛行団（第一七、一八、一九）を創設した。しかし、昭和一九年（一九四四年）六月に始まる、北部九州に対する中国成都からのB29による爆撃も、マリアナ諸島が陥落した後のサイパン、グアム、テニアン島からの関東地方を中心とした、東京、横浜、名古屋、大阪、仙台といったほぼ日本全域にわたる爆撃も阻止することはできなかった。当時の日本国民のどれだけが陸海軍防空任務分担協定を認識していたか知らないが、おそらく飛んでいる飛行機を見て、ほとんどの国民は陸軍の責任と知っていたのではないだろうか。昭和二〇年（一九四五年）二月一七日、迎撃に上り、横浜市上空でアメリカ軍艦載機からの射撃を受け被弾、落下傘降下した横須賀海軍航空隊の山崎卓上飛曹がアメリカ軍パイロットと間違われて、興奮し暴徒と化した住民に撲殺された事件も、見慣れない帝国海軍の航空衣のせいかも知れない。

いずれにせよ、空襲を許したのは陸軍航空隊がだらしないからだ、陸軍の装備はダメだ、海軍には雷電や紫電改《しでんかい》があったのに、というすり込みがあるように思えてならない。実際には一般国民には、陸軍の大東亜決戦機四式戦「疾風」や一式戦「隼」、二式戦「鍾馗《しょうき》」、三式戦「飛燕《ひえん》」の名前は知られていたが、徹底的な秘密主義の海軍の戦闘機の名称は国民には全く知られていなかったという。「ゼロ戦」も「紫電改」も「月光《げっこう》」も国民は知らなかった。秘密にすれば良いというものではない。陸軍は愛称を国民に知らしめ、どんな新兵器が戦列に加わったかを知らせていた。今の感覚と合わないかも知れないが、当時の国民は、戦艦「大和」の存在も知らなかったのだ。

ドゥリットル中佐の初空襲

まず、ドゥリットル中佐の時の防空失敗だが、海軍は「驕り」と「思い込み」「固定観念」からだろう。昭和一七年（一九四二年）四月一八日〇六四四時、帝国海軍特設監視艇「第二十三日東丸」に発見された空母「ホーネット」と「エンタープライズ」、護衛の巡洋艦五隻と駆逐艦七隻は、第二十三日東丸を撃沈するが、軽巡「ナッシュビル」は撃沈までに三〇分と九一五発の六インチ砲弾を要し、〇六四五時に、日東丸に「敵航空母艦二隻、駆逐艦三隻見ゆ」の無電を発することを許してしまった。アメリカ艦隊は、艦載機を使って付近の哨戒艇をスウィープしたが、手遅れであった。攻撃予定日前日に発見されてしまったのだ。普通なら、勝利の女神は日本側に微笑んでいただろう。

アメリカ側の決断は素早かった。予定していた夜間爆撃をやめ、白昼爆撃に切り替え、予定より七時間も早い〇八二〇時にはB25の発艦を始め、最後の一六機目が発艦した〇九一九時にはアメリカ艦隊は退避を開始、日本機の空襲圏外に逃れた。一方、帝国海軍は、航続距離の短い艦載機による攻撃と考え、一九日早朝の発艦・空襲と予測した。また、攻撃した艦爆、艦攻は空母に戻るから空母も日本近海にとどまっている、という常識にとらわれ、近藤信竹中将指揮の第二艦隊にアメリカ機動部隊の捕捉・撃滅を命じた。横須賀から軽空母「祥鳳」、重巡「愛宕」と「高雄」、水上機母艦「瑞穂」、駆逐艦「嵐」と「野分」、三河湾から重巡「摩耶」、瀬戸内海から重巡「羽黒」と「妙高」、軽巡「神通」、日本に帰投中の重巡「鳥海」がアメリカ艦隊迎撃任務にあたることになった。同時に第二六航空戦隊も戦闘準備を整えつつ、哨戒機を発進させた。つまりは、フネを沈めることしか頭になかった、ということだ。航空戦のスピードというものを理解していない素地は、ミッドウェー海戦以前からあり、矯正するチャンスだったにもかかわらず、誰もそれを熟慮した形跡はない。

海軍からの通報を受けた陸軍は、万一に備えて各地の航空隊と防空部隊に防衛と哨戒命令を出し、敵爆撃機警戒警報を出した。しかし「敵機の高度は高い」との通達が各地の判断を惑わせ、発見した各部隊も低空を飛ぶB25編隊を日本軍機と勘違いして上級司令部へ通報してしまった。萱谷（水戸北方）と岩屋防空監視哨はB25をアメリカ軍機と断定して報告したが、電話交換手と監視隊本部との押し問答で一五分を浪費し、情報は有効に生かされなかった。低空であったため、国籍マークを確認し、双発の双垂直尾翼で日本軍にはない機体であることを報告しているにもかかわらずの失態である。双発機が空母から飛んでくるわけがない、という思い込みで、アメリカ人にそんな奇想天外なことができるとは誰も考えなかったのだ。

海軍の第二六航空戦隊木更津基地からは、一式陸上攻撃機部隊がアメリカ艦隊捜索に発進し、第四索敵機（有川俊雄中尉）が〇九三〇時に木更津沖一一〇〇キロでB25単機を発見したが追いつけず見逃す。一二三〇時、第一一航空艦隊は敵艦隊の位置がわからないまま、雷装の一式陸攻三〇機、偶然内地に帰還していた空母「加賀」所属の零戦二四機（一二機とも）をアメリカ艦隊発見地点に向かわせた。しかしアメリカ艦隊はすでに反転しており、出撃は空振りに終わった。そのうえ、一式陸攻三機が墜落と不時着で失われ、零戦一機も不時着して大破した。この海軍の行動を見れば、何か飛んで行ったら防空は陸軍さんお願いね、海軍は敵艦を見つけて沈めるから、というのが明らかだ。それにしても、〇九三〇時に発見した「双発の国籍不明機」の第一報はなぜ生かされなかったのだろうか。

当時、陸軍の防空戦闘機は旧式の九七式戦闘機で、Ｂ25に追いつくことができなかった。水戸の陸軍飛行学校には機銃テストの為、キ61（のちの三式戦「飛燕」）の試作機が二機（試作第二号、第三号）持ち込まれていた。正午すぎ、陸軍飛行実験部の名テストパイロット荒蒔義次少佐が海岸よりの上空二〇〇〇メートルで飛行中の双発機を発見、先に梅川准尉をキ61で発進させ荒蒔少佐も後に続いた。梅川准尉が霞ヶ浦の手前で追いつき攻撃、一機に白煙を吹かせることに成功している。残念ながら梅川機にはテストのための演習用徹甲弾しか積んでおらず、穴を開けることしかできなかったのだ。演習弾を信管付の炸裂弾に組み替えて、遅れて飛び立った荒蒔少佐は、敵機を発見することができなかった。なお、銚子の超短波警戒機乙はまだ設置中でＢ25を探知できず。

超短波警戒機乙の配備とＢ29邀撃戦

ドゥリットル隊の侵入をゆるしたのは、一三〇〇キロ先で空母を発見しておきながら、空母からなら単発の艦載機、航続距離が短いからまだ発艦までに間がある、空母は艦載機を収容するからまだ近海にいる、侵入は高空から、等々の思い込みで対応したからだ。

これでは、敵機を早期に発見しても、イギリスのような効率的な防空はできない。また、He111やJu88、Ju87の飛来高度と後のB29では全く違い、高度一万メートル以上で来襲する。排気タービン（ターボチャージャー）を持たない日本機では、一万メートルに達するだけで四〇～五〇分もかかり、上がったとしても機動はできず機位を維持するのが精いっぱい、舵を切ったら数百メートルも落ちる始末。バトル・オヴ・ブリテンと比較して防空がうまくいかなかったのは、電波兵器のせいだけではないのだ。

技術が追いつかなかったのはターボチャージャーだけではない。合成ゴムができなかったため、航空エンジンでもファイバー（紙、繊維、皮革等）パッキンを使用せざるを得ず、油漏れを防ぐ手立てがなかった。また防弾燃料タンクもそうで、アメリカ機の燃料タンクは、ガソリンに触れる内面は耐油性の合成ゴム、その外側に天然ゴム、布芯ゴム、加硫ゴム、皮革、スポンジゴム、アルミのケーシングという順番で、被弾で孔が開くと、天然ゴムとスポンジゴムが溶けて、自然に孔を塞ぐ構造になっていた。これのおかげで、いくら撃たれても中々火が付かず、日本機は大変手こずった。日本は、逆に合成ゴムを作れなかったために、天然ゴムのパッキンは、油温が上昇するとすぐに溶け出し、配管に詰まってフラップが正常に作動しない、脚が出ない、といったトラブルが続発してしまった。

本土上空で空中戦が行われた戦争末期には、炎かオレンジ色の煙を吐いて落ちるのは日本機、煙も吐かず、または黒い煙で落ちるのはアメリカ機、と地上からでも判ったらしい。油圧でいえば、アメリカ海軍が貨物船や油槽船をベースに大量に建造した護衛空母では、一六〇メートル足らずの飛行甲板に油圧カタパルト（イギリス海軍からの技術供与）を装備し、艦戦のみならず、重い艦攻も発艦させている。日本も貨物船や客船をベースに改装空母を建造したが、速力はアメリカ軍の護衛空母に優り、船体も大きかったにも拘らず、カタパルトを装備できなかったため、充分な活用ができなかった。

当時の日本のカタパルトは、火薬の爆発力を使うもので、打ち出せる飛行機の重さに制限があった。しかも、油圧式と違って、発射の瞬間に最も加速度が掛かるので、歴戦の搭乗員でも一瞬失神したらしい。この火薬カタパルトは、戦艦や巡洋艦、潜水艦に装備されていた。結局、油圧カタパルトを実用化できなかったのは、航空エンジンで合成ゴムのパッキンが使えなかったのと同じで、作動油のマネージメントができなかったことによる。基礎工業力の差が、海上護衛から航空機の可動率まで、ロジスティクス全てを左右していたのである。

ともあれ、上がるのに四〇分かかろうと、敵が来るのをまずキャッチできなければどうすることもできない。昭和一九年（一九四四年）には陸軍は超短波警戒機甲の警戒線—これは敵機が横切るとブザーで知らせる程度のもの—と、超短波警戒機乙—こちらは三〇〇キロで編隊を捉え、一〇〇キロでは測高も可能なもの—を本土と八丈島等の離島に配備した。それでも最大速度五七六キロ、巡航速度三五〇キロのB29を捕捉するのは容易なことではなかった。

仮に八丈島で東京と逆方向に三〇〇キロ先の編隊を発見したとする。八丈島から東京まで約三〇〇キロあるので、その編隊から東京までは直線距離でおおよそ六〇〇キロ。昭和二〇年（一九四五年）三月一〇日の東京大空襲では、富士山から東進するコースではなく、房総半島の先をかすめてまっすぐに東京東部を目指した。八丈島の電探から東京の第一〇飛行師団司令部に敵機のおおよそのコースや機数を知らせるのに三〜五分、次いで目視による正確なデータを受けて即時発進可能となす警戒警備甲をすでに受令している各部隊に出動を命じるのに七分、緊急発進して先頭機が離陸するのに一五分、高度一万メートルで邀撃体制をとるまでに六〇分、計八五分、おおざっぱに一時間半かかる。B29が巡航速度より速い四〇〇キロで飛んでいたとすると、超短波警戒機乙にキャッチされてから一時間半で帝都上空に達する。八丈島でキャッチしても綱渡りのタイムスケジュールなのである。もし、海軍の電探なみに、編隊を一〇〇キロでしか探知できなかったら完全にアウトだ。

このギリギリの時間、かつ高空性能が劣る戦闘機（単発、双発とも）で、体当たりを含めて七一四機を失わせ、それは投入機数の一五パーセントにのぼり、戦死・行方不明となったB29搭乗員は三五〇〇名を超えた。二式複座戦闘機「屠龍《とりゅう》」でのB29撃墜王として知られる、陸軍の樫出《かしいで》勇大尉は、B29初来襲の空戦である昭和一九年六月一六日から終戦までに、北九州に来襲したB29を二六機撃墜した。樫出大尉が所属していた飛行第一三戦隊、通称「屠龍部隊」は昭和一九年八月二〇日のB29大挙来襲の邀撃戦において、八〇機のうち二三機を撃墜（撃墜率二八パーセント）、一方、屠龍戦隊の損害は三機未帰還、五機が被弾という損害であった。B29は、それまでのB17やB24と異なり、「敵機を照準機のレティクルの中に捉えるだけで自動的に弾道計算して発砲する」という優れた防御火器管制装置を備え、誰でも見越し射撃を行えるようになっていたので、この屠龍部隊の戦果は特筆に値しよう。

しかし、硫黄島が陥落し、護衛のP51が付くようになると、双発の複戦「屠龍」の活躍の場は狭められ、身軽な単発戦闘機がメインとなっていった。それでもB29に近づくことは困難になり、地方都市も含めて日本中が焼け野原に変わっていくのである。

これについて、老舗軍事雑誌にも執筆しているある人が著した昭和二〇年（一九四五年）八月一五日に戦争が終わらなかったら日本はどうなったか、という架空戦記の解説で、「敵機の移動速度は三〇〇キロを、五分もあれば十分到達してしまう。敵機発見→八丈島が三～四分、八丈島→東京が四～五分となれば、敵機が東京に侵入するのは一〇分前後ということになる。結果的に相当きつい迎撃である」とあるのを読んでビックリ仰天したことがある。

三〇〇キロを五分で飛ぶということは、一〇分で六〇〇キロ、一時間ならば三六〇〇キロを飛ぶということだ。時速三六〇〇キロといったら、マッハ二・九でありこんな高速でのスーパークルーズ（超音速巡航）は、F22「ラプター」でも不可能である。F22のスーパークルーズ＝アフターバーナーを使わない超音速巡航可能な速度はマッハ一・八二といわれる。最大速度はマッハ二・二五だが、この速度はアフターバーナーを使わなければ出せない。アフターバーナーを使うと、燃料の消費量は二倍以上になり、連続使用時間も一五分程度に制限されてしまう。

現代のジェット旅客機でも、羽田空港～伊丹空港の四五〇キロに一時間一〇分くらいかかっていることを考えれば、三〇〇キロを五分で飛ぶなどということはあり得ないことにすぐ気が付きそうなものだが、こんな距離しか探知できない電探は役に立たない、ということが意識の底にあってこうなってしまったのだろうか。これ以上の距離となるとＯＴＨレーダー（超水平線レーダー）でないと探知不能と思うのだが。

八木・宇田アンテナと原爆、八木教授の技術者としての良心

八木・宇田アンテナは、広島、長崎に投下された原爆にも利用された。原爆は、地上で爆発すると威力がそがれるので、高度五五〇メートルで炸裂するようにセットされていたが、地上に発射した電波を受信するため、弾体に八木アンテナが取り付けられていたのだ。

八木教授は、昭和一七年（一九四二年）に東京工業大学学長、昭和一九年（一九四四年）内閣技術院総裁に就任、熱線誘導兵器の研究を進めていた。この研究で技術者の井深

大と海軍技術士官の盛田昭夫が出会い、後のソニーを興すきっかけとなった。この熱線誘導兵器はさきに述べた赤外線誘導ミサイルのルーツ、陸軍の「ケ号爆弾」のことである。

八木は、昭和二〇年（一九四五年）の衆議院予算委員会での質疑応答で、「技術当局は『必死でない必中兵器』を生み出す責任があるが、その完成を待たずに『必死必中』の特攻隊の出動を必要とする戦局となり慚愧《ざんき》に耐えない」との答弁を行っている。委員会出席者の中には、これを聞いて忍び泣きする者もあったという。沖縄戦が始まるわずか前、特攻隊賛美が当り前とされる世情にあって、科学技術者としての勇気を示した発言として世に残されている。

第五章——日本の戦車開発は三流だったか

戦艦「大和」や零戦は世界一だったが、陸軍は精神主義で銃剣突撃が最上の戦闘方法、戦車の効用をなおざりにし、列強で最低ランクの戦車しか持たなかった、と一般にいわれている。もう少し詳しい人は、優秀な戦車を作りたくても、予算が無く、資材も技術者も海軍に取られて作れなかった、と説明する。しかしそれだけではサイパン島で、占守島で、非力な戦車で勇戦敢闘して散華した戦車兵に申し訳ない。

確かに抗堪性（サバイバビリティ）で散々な目にあったのは日本陸軍の戦車であり、戦後になっても「ブリキの戦車」「鉄の棺桶」などと呼ばれて評判が悪い。しかし、日本の戦車開発に当たった技術者は、それほど無能だったのだろうか。

この謎を解くには、まず戦車の用途から考えなければならない。第一次世界大戦中の一九一六年（大正五年）九月一五日朝、ソンムの最前線であるフレールに現れた菱形の鉄の箱に、塹壕にいたドイツ兵はパニックに陥り、陣地を明け渡した。これが世界で始めて実戦に投入された、英陸軍のマークⅠ戦車である。全長七・七五メートル（尾輪を含まず）、メール（雄）型は五七ミリ砲を左右に一門ずつ装備し、重量二八トン、フィメール（雌）型は機関銃四門を持ち、重量二七トン。速度は早歩き並みの時速六キロで、六ミリ〜一二ミリの鋼鈑を備えていた。行動距離はたったの三八キロメートルである。

マークⅠ戦車

この戦車の任務は、膠着した塹壕戦を打開することであって、歩兵の支援のために高速度は必要なく、歩兵の間に分散して配備された。当然ながら、対戦車戦闘ということは考えられず、第一次大戦後も、この「戦車の主任務は歩兵支援」という考え方が各国共通だったのだ。

一九一八年（大正七年）一一月一一日、ドイツが降伏し四年四ヶ月に及ぶ第一次世界大戦は終わる。この間、日本は大正三年（一九一四年）八月、ドイツに宣戦布告し、一〇月ドイツ領南洋群島占領、一一月にはイギリス軍とともに、ドイツ東洋艦隊の拠点である青《チン》島《タオ》を攻略した。青島要塞は五〇〇〇の兵と一三〇門の砲で堅固に守られていた。日本陸軍は、神尾光臣中将率いる第一八師団、野戦重砲兵第一聯隊、後に歩兵第二九旅団と各種重砲兵が参加し、九月上旬上陸、一一月七日までに青島要塞と山東鉄道全線を占領した。日本の参加兵力は五万名で、うち二万九〇〇〇名と砲一五〇門が攻城に参加、死傷者は一二五〇名、対するドイツ側死傷者は八〇〇名であった。この攻略戦で日露戦争後の兵器の改善と、在営年限短縮（三年から二年へ）後の兵員の戦闘能力が確認され、陸軍はその成果に自信を持った。また、陸軍五機、海軍四機の航空機が使用され、その偵察能力は高く評価された。これで地中海における輸送船団護衛、対Uボート戦を除いて、対独戦争は終わったが、日本陸軍には別の試練が待っていた。第一次大戦終結三ヶ月前の大正七年八月二日からのシベリア出兵である。戦車による戦いとは直接関係ないが、あまり内容を知られていない軍事行動なので、経緯を記す。

シベリア出兵と軍縮

連合国（日・英・米・仏・伊・中）によるシベリア出兵の大義名分は「ボルシェヴィキに囚われたチェコ軍団の救出」である。このチェコ軍団とは、オーストリア＝ハンガリー帝国軍の捕虜からロシア帝国軍が編制した軍団級の「第一チェコスロバキア軍団」のことで、一九一七年（大正六年）には二個師団、三万九〇〇〇名を数え、第二チェコスロバキア軍団も計画されていた。ロシア革命時には、総兵力六～八万名に膨らんでいたといわれる。しかし革命により、ロシア帝国軍に属し、ドイツ、オーストリア軍と戦っていたチェコ軍団は政治的に微妙な立場に立たされることになる。

十月革命後の一九一八年（大正七年）三月三日、ボルシェヴィキはドイツと単独講和した。チェコ軍団は、チェコスロバキア独立のために、シベリアを経由してウラジオストクに向かい、アメリカ経由の海路で西部戦線に渡ることが決められた。しかしすぐには移動を開始できず、一九一八年三月半ばに至るまでウクライナにおいてドイツ軍、オーストリア軍と戦闘を継続せざるを得なかった。三月二六日、ロシア・ソビエト連邦社会主義共和国人民委員会議は、チェコスロバキア国民会議ロシア支部と条約を締結し、チェコ軍団将兵が武装解除して、民間人としてウラジオストクに移動することを許可した。五月にウラジオストクへは一万四〇〇〇名が到着し、ノヴォ・ニコラエフスク（現ノヴォシビルスク）には四〇〇〇名、チェリャビンスクには八〇〇〇名、ペンザにも八〇〇〇名のチェコ軍団将兵がいた。

一九一八年五月一四日、チェリャビンスク駅において、チェコスロバキア兵とハンガリー兵の間で乱闘事件が発生した。チェリャビンスクのボルシェヴィキ当局は、乱闘に関わったチェコスロバキア人を逮捕したが、チェコスロバキア兵は、武力で同志を奪還し、赤衛隊を武装解除、市内の武器庫を奪取した。ボルシェヴィキ中央はチェコ軍団の即時武装解除と武装兵の射殺を指示、五月二六日、レフ・トロツキーはチェコ軍団を反乱軍と宣言して攻撃を指示した。

こうして連合国によるロシア革命干渉としてのシベリア出兵が開始される。六ヶ国の連合軍とはいっても、英仏は、欧州西部戦線で手一杯で大兵力を送ることはできない。イギリス、フランス、次いでアメリカから日本にチェコ軍救出に関する共同出兵の要請があった。日本にとっては、米騒動に手を焼いた寺内正毅内閣が国民の目を海外にそらせる、という効果も狙って大正七年（一九一八年）八月二日、シベリア出兵が発動された。が、翌月、寺内内閣は倒れ、政友会の原敬内閣となる。ウラジオストクへ派遣された連合軍は、大谷喜久蔵大将を軍司令官とし、日本の第一二師団、アメリカの二個聯隊、イギリス一個大隊、フランス一個半大隊、イタリア一個大隊、中国二個大隊で、別に満州から関東都督中村雄次郎中将指揮下の第七師団、次いで第三師団が増派された。

連合軍は二ヶ月でバイカル湖以東の黒龍鉄道全線を占領、シベリアはオムスクの反過激派、コルチャック政権下となりチェコ軍団の背後は、一旦は安全になった。一一月、ドイツの降伏によりイギリス、フランス、イタリア軍は撤兵し、日本、アメリカ、中国軍が治安と交通維持のため残った。大正八年（一九一九年）、対独講和成立によりイギリスとフランスによるコルチャック政権支援が弱体化し、大正九年（一九二〇年）一月、オムスク政府は崩壊した。アメリカ軍が講和成立にともない撤退したため、日本軍は兵力を増強しボルシェヴィキの抬頭を抑えながらチェコ軍団の収容を進めた。ボルシェヴィキの暴虐はこれにとどまらず、五月には尼港《にこう》事件が発生、過激派は、ニコラエフスク駐留第一四師団歩兵第二聯隊第三大隊の三三六名、海軍無線電信隊の四四名、領事及びその家族四名、日本人民間人三四七名、日本人以外の住民六〇〇〇名を虐殺したうえ、街を焼き払った。この事件は、総数六万七〇〇〇名にのぼるチェコ軍団の、九月二日のウラジオストクからの引き揚げ完了後も、日本軍がシベリアに駐留を続ける一因となった。

逐次派兵地域を縮小しつつ、日本軍が撤兵を完了したのは、大正一一年（一九二二年）一〇月二五日であった。四年二ヶ月に亙る出兵で、日本陸軍は第二、第三、第五、第七、第八、第九、第一一、第一二、第一三、第一四の一〇個師団を交替で出征させ、飛行部隊の一〇機内外が常駐した。これに要した臨時軍事費は九億円（現在価値で一兆三〇〇〇億円程度か）に達し、戦病死者は二〇〇〇名にのぼった。出兵が始まった大正七年の陸軍予算は、一億一九〇〇万円であった。

日本陸軍はシベリア撤兵を完了した大正一一年に山梨軍縮（ワシントン海軍軍縮会議とともに、陸軍もロシアの共産革命によって脅威が減った、という点から軍備縮小論が起き、山梨陸相の下で行われた軍縮）で五万九〇〇〇名、馬匹一万三〇〇〇頭を削減した。この年の一般会計予算は一五億一〇〇〇万円で、陸軍予算が二億五六〇〇万円、海軍予算が三億九七〇〇万円であった。軍事費比率は四四パーセント、海軍の所要兵力は八隻の戦艦隊一個と八隻の巡洋戦艦隊一個に加えて戦艦四隻と巡洋戦艦四隻の合計二四隻により、艦の新旧交代の穴をなくして八八艦隊を常備すると定められていた。山梨軍縮では、兵員減の代わりに機関銃、重砲、無線機材を若干増加し、三五〇〇万円の節減を行ったが、翌年発生した関東大震災により国家財政は窮乏し、陸軍の装備改善の余裕はなくなってしまった。

大正一四年（一九二五年）には宇垣軍縮でさらに四個師団（第一三師団＝高田、第一五師団＝豊橋、第一七師団＝岡山、第一八師団＝久留米）を廃止、兵員三万四〇〇〇名と馬四六〇〇〇頭を削減した。一連の山梨・宇垣軍縮により、平時兵力の三分の一が削減され、後の支那事変以降の将校不足を招く結果となった。宇垣軍縮の副産物として、部隊でのポストを失った将校の救済を兼ねて、現役将校の中学校以上の官立・私立の全ての学校への配属将校制度が始まった。大学へは現役の陸軍大佐、高等専門学校には中佐か少佐、中等学校には少佐か大尉、または上級職の中尉が配属された。昭和二〇年（一九四五年）になると、東京と京都の帝国大学には大佐ではなく少将が配属されるようになった。

これらの配属将校について、職を失って食うや食わずになった将校、つまり陸軍としては、軍務としては必要ないが馘きりにまではなっていない、言わば不要となった将校を学校に配属した、というとんでもない誤解がまかり通っている。現実は、第一次大戦後の平和の時代にあっても、将来の軍の根幹を作る学生を指導するため、陸軍は、人格成績ともに優秀な現役将校を学校に配属したのである。決して使い道のない予備役一歩手前を送り込んだのではない。沖縄戦を指揮した牛島満中将も、歩兵第四三聯隊（善通寺）の大隊長だった時に、大正一四年四月から歩兵第四五聯隊（熊本）附として母校の第一鹿児島中学校に配属将校として派遣されている。牛島は、山下奉文とは陸軍大学校二八期卒の同期である（陸士は、山下が一八期、牛島が二〇期）。

第一次世界大戦の西部戦線、ベルギーのイープル近くのランゲマルクで、訓練不充分なドイツの学生志願兵の一隊がドイツ国歌を歌いながらイギリス軍陣地に突撃し全滅した、という伝承があるが、このようなことも学生のうちから軍事訓練の基礎を教練しておく必要性を日本陸軍が感じた背景にあるのかも知れない。学校教練の内容は、各個教練、部隊教練、射撃、指揮法、陣中勤務、手旗信号、距離測量、測図学、軍事講話、戦史などで配属将校の指揮監督権は学校長にあった。これは、戦前の中等学校や高等専門学校の校長の初叙位階が高等官五等で従六位、武官では同じ従六位が少佐であることに関係しているのだろう。大学における予備役将校訓練課程は、第一次大戦前からアメリカやフランス等の国にもあり、日本が軍国主義だったからこのような制度があったというのは全くの誤解である。なお、海軍は陸軍のような、三分の一に相当するほどの深刻な人員整理は行わなかったため、軍人志願の生徒の人気は、陸軍士官学校ではなく海軍兵学校や海軍機関学校に集まった。

人員を減らして近代化した陸軍

これら師団数の削減や人員減の代案が近代化であり、航空部隊を独立した兵科とし、航空本部を設置、戦車隊、高射砲聯隊、陸軍自動車学校、通信学校の創設等の施策を打ち出した。こうして、最初に誕生した戦車隊が久留米の第一戦車隊（マークAホイペット中戦車一輌、ルノーFT‐17軽戦車四輌）、千葉陸軍歩兵学校教導隊戦車隊（マークAホイペット中戦車三輌、ルノーFT‐17軽戦車二輌）の二隊である。

これと前後して、日本の、戦後も含めた戦車開発史に大きな足跡を残す人物、原乙未生《とみお》砲兵中尉（最終階級中将）が登場する。原は陸軍士官学校を優等で卒業後、砲兵少尉を経て砲工学校普通科学生、高等科学生を優等で修了した。その後、東京帝国大学工学部に員外学生として派遣され、機械科で三年間の学究をなし、「戦車設計」という卒論を以って卒業した。これは、陸軍人事の上では、陸軍大学校優等卒と同じ扱いになる。卒業後は一年間の隊付勤務を下関の野戦重砲兵第五聯隊で送った後、大正一一年（一九二二年）に陸軍技術本部車輌班に配属された。

日本戦車の系譜

大正一四年（一九二五年）の宇垣軍縮により、陸軍の近代化が進められることになった

試製一号戦車

のはすでに記した通りだが、陸軍省軍務局軍事課では、戦車を国産できるかどうか、技術本部から人を呼んで、技術的可能性を詰めてみようという話になった。こうして、軍事課に出頭することになったのが、車輌班長代理の吉田中佐である。生来、ネアカで積極的な吉田中佐は、「現在の技術で戦車を作ることは難しいが、努力すれば必ず作れる。兵器は自分の国で作るのがベストです」と永田鉄山高級課員に進言し、二ヵ月後に陸軍省は、いかにもお役所らしい、国産・輸入のどちらにでも取れるような、曖昧な戦車整備方針を決定した。

こうして、原大尉を設計主務者として昭和二年（一九二七年）に完成したのが試製一号戦車である。この戦車とルノーFT-17軽戦車、マークAホイペット中戦車の要目は次の通りだ。

ルノー FT−17 軽戦車

試製一号戦車：全長六・〇三メートル、総重量一八トン、水冷ガソリンエンジン一四〇馬力、最大速力二〇キロ／時、五七ミリ短加農《カノン》一、七・七ミリ機関銃二、装甲主要部一七ミリ

ルノーFT−17軽戦車：全長五・〇〇メートル、総重量六・五トン、水冷ガソリンエンジン三九馬力、最大速力八キロ／時、三七ミリ戦車砲一又は八ミリ機関銃一、装甲主要部二二ミリ

マークAホイペット中戦車：全長六・一〇メートル、総重量一四トン、水冷ガソリンエンジン四五馬力二基、最大速力一三キロ／時、七・七ミリ機関銃四、装甲主要部一四ミリ

マークAホイペット中戦車（左が車体前部）

戦車後進国だったはずの日本が作った試製一号戦車の要目が輸入品二種を上回っており、特に速力の向上が著しい。これは、すでに歩兵と同じ速度で進撃するという歩兵支援から、優速を以って敵陣地に突入し、機関銃陣地、砲兵（榴弾砲）陣地を蹂躙するという戦術の転換を設計者が考えていたことを示しているのではないだろうか。

この後に制式化された戦車と、同時期のドイツ戦車の要目を記す。

八九式中戦車（イ号、昭和四年〈一九二九年〉）：全長五・七五メートル、総重量一二・七トン、水冷ガソリンエンジン一一八馬力、最大速力二五キロ／時、五七ミリ短加農一、六・五ミリ機関銃二、装甲主要部一七ミリ（乙型、昭

八九式中戦車

和一〇年〈一九三五年〉から空冷ディーゼルエンジンに変更）

九五式軽戦車（ハ号、昭和一〇年〈一九三五年〉）：全長四・三〇メートル、総重量七・四トン、空冷ディーゼルエンジン一二〇馬力、最大速力四〇キロ／時、三七ミリ戦車砲一、七・七ミリ機関銃二、装甲主要部一二ミリ

九七式中戦車（チハ、昭和一二年〈一九三七年〉）：全長五・五二メートル、総重量一五トン、空冷ディーゼルエンジン一七〇馬力、最大速力三八キロ／時、五七ミリ戦車砲一、七・七ミリ機関銃二、装甲主要部二五ミリ。重量が一五トンを超えられないのは、鉄道内陸輸送と輸送船に積載する際のデリックの能力に制約されたた

九五式軽戦車

九七式中戦車

Ｉ号戦車Ａ型

めである。

　ドイツの戦車開発は、日本の試製一号戦車の完成に遅れること五年、まだヴェルサイユ条約で戦車の保有を禁じられていた一九三二年（昭和七年）から始まった。ヴィッカース・カーデン・ロイド豆戦車をクローズドボディとしたようなI号戦車は「訓練用」、II号戦車は三七ミリ砲を備えた主力戦車が登場するまでの「つなぎ」の予定だった。一九三五年（昭和一〇年）九月のニュルンベルクでのナチ党大会における軍事演習を記録した、レニ・リーフェンシュタールの短編映画『自由の日―我らの国防軍（Tag der Freiheit - Unsere Wehrmacht）』を観ると、カメラの上をちっぽけなI号戦車に通過させて、まるで巨大な鉄塊であるかのようなイメージを演出している。

Ⅰ号戦車（一九三四年）：全長四・〇二メートル、総重量五・四トン、水冷ガソリンエンジン六〇馬力、最大速力三七キロ／時、七・九二ミリ機関銃二、装甲主要部一三ミリ

Ⅱ号戦車（一九三七年）：全長四・八一メートル、総重量八・九トン、水冷ガソリンエンジン一四〇馬力、最大速力四〇キロ／時、二〇ミリ機関砲一、七・九二ミリ機関銃一、装甲主要部一四・五ミリ

Ⅲ号戦車（一九三八年）：全長五・五二メートル、総重量二一・六トン、水冷ガソリンエンジン三〇〇馬力、最大速力四〇キロ／時、三七ミリ戦車砲一、七・九二ミリ機関銃二、装甲主要部三〇ミリ

日独陸軍は、およそ以上のような戦車で第二次世界大戦に突入した。対戦車戦用のⅢ号戦車の三七ミリ戦車砲は、一九三四年（昭和九年）に制式化された対戦車砲ＰａＫ35／36の流用であり、後、独ソ戦ではソ連戦車に有効なダメージを与えることができなかったため、装甲猟兵《パンツァー・イェーガー》からStethoskop（聴診器《ステトスコープ》）と呼ばれるようになる。

I号戦車C型

Ⅲ号戦車

独Ｉ号戦車がスペイン内乱でその防御力の弱さから散々な目に遭ったことからも判るように、大戦間について言えば、日本の戦車技術はそれほど立ち遅れたものではなかったのだ。しかも、昭和一〇年には早くも将来の戦車戦は対戦車戦闘になる、と予見して戦車砲改善意見を千葉陸軍戦車学校に提出した将校学生もいたのだが、残念ながら用兵者の思想は歩兵支援だったため、握り潰されてしまった。

大東亜戦争初期、マレー半島を進撃した九五式軽戦車は、戦車第六聯隊野口中隊長によれば、故障が少なく、整備しやすい戦車で、マレー作戦で一一〇〇キロ、シンガポールで一週間の整備を受け、スマトラ作戦で一〇〇〇キロを走って、一台の故障も出なかったそうだ。敵に戦車が無かったこともあり、ここまでは抗堪性（サバイバビリティ）も再出撃性（ターン・アラウンド）も優秀である。

しかし、対戦車戦闘能力の向上を怠っていたツケはすぐに現れた。ガダルカナルで消耗戦が始まると、航空機と船舶の生産が優先になって、戦車は後回しになった。どのみち制海権と航空優勢を失い、戦場まで運べないのではどうしようもない。やっと届いたなけなしの九七式中戦車も、米軍の名前は軽戦車のＭ３「スチュアート」に撃破される始末である。日本人の国民性か、貧弱な装甲に防備を増やすこともしなかった。

M3スチュアート軽戦車

被弾を恐れる臆病者と取られるからである。ドイツでは、予備の履帯や材木を要所に取り付ける、鉄板の熔接を現地で行う等、被害を最小にすべくあらゆるものを利用したのに、ドイツ軍贔屓の日本陸軍は、なぜかこういうところは真似なかった（部隊によっては、現場で臨機応変に砲塔に履帯を巻き付けたり、増加装甲をボルト止めしたりところもあったらしい）。

このＭ３ショックの前に、ノモンハンでの初の対戦車戦闘によるＢＴショックがあったのではないか、という疑問を持たれるだろう。しかし、現実にはノモンハンで戦車部隊が戦闘に参加したのは昭和一四年（一九三九年）七月二日夜から六日までだけで、七三輌（八九式中戦車三四輌、九七式中戦車四輌、九五式軽戦車三五輌）中三〇輌が失われた時点で、関東軍は更なる喪失を恐れて戦場から引き揚げさせた。
実はこの時に最も厚い装甲を持っていたのは、九七式中戦車で、ソ連軍のBT5（正面装甲厚一三ミリ）やBT7（一五～二〇ミリ）、T26軽戦車（一五ミリ）より有利なはずだった。が、八九式中戦車と九七式中戦車の短砲身五七ミリ砲は、ソ連戦車の長砲身四五ミリ砲に初速で大きく劣り、ソ連戦車の装甲を貫徹することはできなかった。それでも、射撃の精度で上回る日本戦車兵は、機関部を狙撃するなどして、かなりの被害を与えている。

それよりもノモンハンの対戦車戦闘で有効だったのは、九四式三七ミリ速射砲で、ソ連戦車、及び装甲車の損害、約三五〇輌の喪失原因の七五～八〇パーセントが対戦車砲によるとされている。余談であるが、ソ連戦車は乗員の乗降ハッチを外から南京錠で施錠し、脱出不可能にして督戦していたという説もある。

ノモンハンでの戦闘は、日本陸軍に「近代戦では戦車が戦車と遭遇する確率がきわめて高く、戦車は戦車と戦う宿命にある」という確信をもたらした。しかし、これは次期中戦車の砲に予定されている長砲身四七ミリ砲の開発と、対戦車戦闘支援の砲戦車開発を、規定の路線に沿って促進することを意味するのみに終わった。砲戦車とは、砲兵が運用する

Ⅳ号駆逐戦車

自走砲を戦車部隊（昭和一六年〈一九四一年〉四月以降は「機甲科」が独立）が管轄するときの名称であり、実態は自走砲（対戦車自走砲を含む）と同じである。日本の場合、戦車砲が三七ミリ、四七ミリ、五七ミリなのに対し、野砲と同等の七五ミリ級の砲を積んでいるのが特徴である。

一方ドイツ陸軍は、対戦車戦用のⅢ号戦車を支援するⅣ号戦車（一九三九年）、T34ショックを経て、Ⅴ号戦車（パンター、一九四三年）、Ⅵ号戦車（ティーガーⅠ、一九四二年）、また派生型のⅢ号突撃砲、Ⅳ号突撃砲、Ⅳ号駆逐戦車、Ⅴ号重駆逐戦車（ヤークト・パンター）、Ⅵ号Ⅱ型重戦車（ケーニヒス・ティーガー）、Ⅵ号重駆逐戦車（ヤークト・ティーガー）等を

Ｖ号戦車

次々に制式化した。当初、七五ミリ二四口径という支援火力のための主砲で、装甲も三〇ミリだったⅣ号でさえ、一九四三年（昭和一八年）のＨ型では七五ミリ四八口径の長砲身となり、装甲も八〇ミリに強化され、完全に対戦車戦闘をこなせる車輌に生まれ変わっていた。

日本では、原が昭和一五年（一九四〇年）に少将に進級、第四陸軍技術研究所長と相模陸軍造兵廠長を兼務した。しかし、それでも七五ミリ長砲身の搭載、五〇ミリ以上の装甲はなかなか実現されず、歩兵と精神論重視に抑えられたまま大東亜戦争に突入してしまった。九七式の次の戦車は一式で、ここまでが戦場に送るのに間に合ったものである。その後の三式以降は、海上輸送の手段もなく、本土決戦用に温存され

Ⅴ号重駆逐戦車

Ⅵ号戦車

Ⅵ号Ⅱ型重戦車

Ⅵ号重駆逐戦車

九七式改中戦車新砲塔

た。九七式の主砲強化型である九七式改新砲塔以降の戦車の要目は以下。

九七式改新砲塔（チハ）：一式四七ミリ戦車砲。五七ミリから四七ミリへと、口径は小さくなっているが一八・四口径から四八口径へと長砲身化したため、初速四二〇メートル／秒が八〇〇メートル／秒に改善され、貫徹力は倍以上に増大した。

一式中戦車（チヘ）：全長五・五二メートル、総重量一七・二トン、空冷ディーゼルエンジン二四〇馬力、最大速力四四キロ／時、一式四七ミリ戦車砲一、七・七ミリ機関銃二、装甲主要部五〇ミリ（砲塔は、増加装甲と合わせて五〇ミリ）

三式中戦車

三式中戦車（チヌ）：全長五・七三メートル、総重量一八・八トン、空冷ディーゼルエンジン二四〇馬力、最大速力三八・八キロ／時、三式七五ミリ戦車砲Ⅱ型、七・七ミリ機関銃一、装甲主要部五〇ミリ（完成一六六輛）

四式中戦車（チト）：全長六・三四メートル、総重量三〇トン、空冷ディーゼルエンジン四一二馬力、最大速力四五キロ／時、五式七五ミリ戦車砲一、七・七ミリ機関銃二、装甲主要部七五ミリ（完成六輛、試作車二輛のみとも）

五式中戦車（チリ）：全長七・三二メートル、総重量三六トン、水冷ガソリンエンジン五五〇馬力、最大速力四五キロ／時、試製七糎半戦車

四式中戦車

砲（長）Ⅰ型一、一式三七ミリ戦車砲一、七・七ミリ機関銃二、装甲主要部七五ミリ（完成一輛のみ）

四式以降は、世界の中戦車と比べても遜色のないものである。日本とソ連だけが戦車用空冷ディーゼル機関を実用化したというのに、用兵者の頑迷で対戦車戦闘を目的とした戦車の開発が遅れ、ガダルカナル以降の消耗戦に引きずり込まれて資材が不足し、完成しても戦場に送ることができなかったのが日本陸軍戦車隊の悲劇であった。

昭和一九年（一九四四年）から最後の量産型式となった三式中戦車が配備された。その三式中戦車を、甲種幹部候補生となり、見習士官として昭和一八年（一九四三年）に戦車第一九聯

五式中戦車

隊へ入隊した司馬遼太郎氏が、昭和一九年末戦車第一聯隊に配属、昭和二〇年（一九四五年）五月前橋市に本土決戦部隊として配備された時に受領した、として次のように記している。

「初年兵教育の時に、教官から命ぜられて九七式中戦車にヤスリをかけたが、傷一つつかなかった。その硬質感をもう一度味わいたくて三式の砲塔にヤスリを当ててみたところ、白銀色の擦り傷ができた。こんなバカな話はなかった。腐っても戦車ではないか。」

七五ミリ砲の大型砲塔を搭載し、見るからに強そうな三式の装甲がタダの鉄（軟鉄）であると知った衝撃は大きく、「私個人の太平洋戦争史にとって、もっとも重要な事実」としている。

しかし、九七式は表面硬化装甲の一種である浸炭装甲で、加工済みの低炭素鉄鋼の板を加熱し、片面を高温炭素ガス雰囲気中に曝すことで表面から炭素を拡散浸透させ、「表面だけを炭素の豊富な高硬度の鋼鉄とした」ものだ。

この方式は加工に長時間の加熱処理が必要で、量産には不向きな要素が多い。一方、三式は全体が均質な圧延鋼板で作られた均質圧延鋼装甲で、品質管理が容易で性能がある程度あり、量産に向いて安価だった。表面硬化装甲は、硬くすれば割れやすく、割れにくいように粘りをもたせれば硬度が落ちる、という二律背反への解決策だったが、材料工学の進歩により高強度と高靭性が両立するようになり、表面と内部で物性の異なる表面硬化装甲を作る必要性が無くなったのだった。そして、砲弾の威力に装甲表面の硬さだけでは対処しきれなくなり、より厚みと粘りを持たせた均質圧延鋼装甲に変わっていったのは、第二次世界大戦中期からのトレンドでもあった。

おそらくは、司馬氏の昭和陸軍に対する不信の最大原因、「私個人の太平洋戦争史にとって、もっとも重要な事実」は、当時の最新技術に対する誤解から来ているのであろう。

兵器の開発も、一般の商品の開発と同様、それが必要だとはっきりわかってからでは間に合わない。一朝一夕にできるものではないからだ。一般企業の営業や商品開発と同じように、用兵者は、敏感に戦場や他国の動きを察知して開発提案をしなければならない。専門家である技術側の意見が的を射ている場合も多いだろう。

現状の成功体験や、過去の事例におぼれず、専門家の意見は率直に聞く姿勢が何よりも重要だ。マレー作戦時の九五式軽戦車の抗堪性（サバイバビリティ）と再出撃性（ターン・アラウンド）というロジスティクス・サポートの根幹は、基本設計が優れていたことと、それが時機に合致したことを如実に表している。ロジスティクス・サポートは、後方支援だけではない。製品の計画から始まり、その廃棄に至るまでライフ・サイクル全てについて使用者を支援することだ。そして、製品が使用者の要求に合わなくなったならば、新たな計画から始まる次のロジスティクス・サポートを提案し続けなければならない。

ドイツ陸軍がT34ショックを受けたのと同様、日本陸軍もM3ショックを受けた。しかし、日本陸軍は八九式中戦車、九五式軽戦車、九七式中戦車という登場時期には優等生だった、それらの機材の成功体験と、歩兵支援という用兵思想から抜け出せないまま、次世代の開発は後手にまわってしまった。

自動車で考えるならば、一つのロジスティクス・サポートのサイクルの中で、商品開発提案～基本コンセプト～設計～型・治工具作製～購買活動～量産ライン設計～プロト試作

〜生産試作〜サービス・補修部品資料作成〜部品調達〜営業マン・サービスマン教育〜発売というような大きな流れがあって、さらに一年か二年ごとのマイナー・チェンジがある。そして市場の変化や顧客の嗜好の変化に対応できなくなる前に、その先を予測して自らが新しいマーケットをリードすべく次の製品のロジスティクス・サポートを計画しなければならない。

日本陸軍の戦車は、戦う相手の変化、戦車の用法の多様化に対応できず、戦場での優位性を持続することができなかった。なにやら、零戦二一型の登場から五二型に至る改悪、最後は特攻に使用、に一脈通ずるものを感じてしまう。そこには、日本陸軍が予想していなかった太平洋での島嶼戦に引きずり込まれてしまったこと、輸送船に乗せるにもデリックの許容重量から九七式より重い戦車を投入することができなかったこと、その輸送船ですら満足に戦場に到達することができなかったこと等の理由があるが、「運ぶ」という狭義のロジスティクスの改善も含めて、当時の日本の国力の限界が戦車開発に集約されていたということができるだろう。

第六章――南方の石油が届いていたら日本は負けなかったか

数字と技術に弱い日本の指導者

大東亜戦争の引き金は、昭和一四年（一九三九年）一二月以降のアメリカによる段階的石油禁輸であった。厳密には、昭和一四年一二月「高級ガソリンの製造に必要な装置、製造権及び技術的知識の輸出禁止」、昭和一五年（一九四〇年）七月「八七オクタン以上の航空ガソリンの禁輸」、九月「特定石油輸出許可制」であり、八六オクタンの低質航空ガソリンや低質原油（重質油）は規制なく輸入できた。しかし、高級航空ガソリンそのもの、それを製造するための軽質油、オクタン価を上げるために必要な四エチル鉛の輸入ができなくなったので、近代的戦争遂行能力の上からは、全面禁輸に等しかった。アメリカが本当の対日全面禁輸に踏み切ったのは、南部仏印進駐の三日後、昭和一六年（一九四一年）八月一日だった。これを打破するために、すなわち座してジリ貧を待つのではなく、ドカ貧のリスクを冒してでも南方に石油を求めるというのが日本の国策であった。これがいまなお一般に言われている「日本の開戦理由」である。

事実、日本は南進論に従って南方の石油地帯を確保する。昭和一四年における蘭印の石

日本の石油状況

万バーレル

	1939年	1940年	1941年	1942年	1943年	1944年
在庫量	5,140	4,958	4,890	3,916	2,085	468
輸入量	3,066	3,716	837	1,052	1,450	498
本土内消費量	2,526	2,856	2,265	2,579	2,778	1,940
南方での消費量＋海上喪失量	−	−	−	1,542	3,513	3,196

油産出量は八〇〇万トン（五六〇〇万バーレル）で、日本の年間消費量をはるかに上回っていた。そして、スマトラ島のパレンバン、ボルネオ島のバリクパパン、ジャワ島東部の油田地帯占領を含む蘭印作戦は、当初の一二〇日という予想に対して九二日という早さで完了した。

上の表は、原油を確保した後の、日本の石油在庫量・輸入量・本土内消費量・南方での消費量と海上喪失量である。これだけ見れば、南方からの石油輸送ができれば、日本には英・米・蘭・中との継戦能力があったかのように思える。だが実際は、南方からのシーレーンは壊滅し、昭和一五年の三七一六万バーレルの石油輸入量は、昭和一六年には八三七万バーレルに激減、昭和一八年（一九四三年）には一四五〇万バーレルまで挽回するが、昭和一九（一九四四年）には四九八万バーレルしか届かなくなった。

この数字から、もし南方の石油が届いていたら、需要をまかなえたというのは数学的には正しい。だが、この原油が本土に届いたとして、空に陸軍の二式戦「鍾馗」、三式戦「飛燕」、四式戦「疾風」、二式複戦「屠龍」、海軍の局地戦闘機「紫電改」、「雷電」、夜間戦闘機「月光」が乱舞し、カーチス・エマーソン・ルメイ少将の戦略爆撃を阻止しえたであろうか。

ここで一つの問題が浮上する。「原油はそのままでは使えない」のである。原油はさまざまな沸点を持った炭化水素の混合物なので、蒸留することによって初めてガソリンや軽油を得ることができる。簡単に言うと、常圧蒸留装置の中で温度を上げて行くと、順にガス、LPG、軽質ガソリン、重質ガソリン、灯油、軽油、残渣油《ざんさ》（ガス〜軽油を蒸留した後に残された雑油）が得られ、残渣油から重油、アスファルト、潤滑油の原料油が得られる。

このうち最も早くから使われていたのは灯油で、白熱灯が発明されるまでは、灯りといえば灯油ランプだった。その後、イギリスで一九〇八年（明治四一年）に重油燃焼の蒸気タービン軍艦が建造され、ウィンストン・チャーチル海相の強力な後押しにより、一九一五年（大正四年）までには全ての英国艦は石炭から重油燃焼に切り替えられた。一方、自動車や戦車、航空機の内燃機関にはガソリンが求められ、石油の用途は、灯油からガソリンと重油にシフトした。

さて、内燃機関（シリンダー内で燃料を爆発燃焼させて、ピストンの上下運動やロータリーの回転運動を作り出す原動機）の主力はガソリン・エンジンであり、ディーゼル・エンジンは戦車や自動貨車といった用途に限られていた。なかでも航空エンジンはレシプロ（Reciprocating Engine、ピストン・エンジンのこと）花形の時代で、エンジンが高性能を発揮するためには高いオクタン価が求められた。オクタン価とは、ガソリンのアンチ・ノック性を示す指数で、オクタン価が高いほどノッキングし難くなる。圧縮比を高めるとか、過給器を備えるなどの出力向上策を取ると、エンジンは過負荷運転時にノッキングによるオーヴァーヒート、焼付きを起こしやすくなるので、高性能エンジンには高オクタン価のガソリンが必須となるのだ。ガソリン・エンジンでのノッキングは、シリンダー内の混合気の燃焼後期に残りの混合気が爆発的な異常燃焼を起こし、その圧力波によってシリンダーをハンマーで叩くような音を発するものだ。

いまでこそ、一〇〇オクタンガソリン（いわゆるハイオク）はどこのガソリン・スタンドでも手に入るが、日本が八七オクタンの航空ガソリン製造に成功したのは昭和一一年（一九三六年）だった。同年、アメリカでは九二オクタンは当たり前になっており、その後の戦争中にはすでに一〇〇オクタンが普及していた。

なぜ、日米でこれほどの技術格差が生じたのだろうか。それは、日本には高温高圧を作り出すのに必要な特殊鋼（耐熱性、耐食性、靭性などを改善するためにニッケル、クロム、マンガンなどの合金元素を加えた鋼）の製造技術がなかったためである。高オクタン価のガソリンを製造するには、高温高圧下で水素添加し、加鉛効果を高める必要があったのだ。ちなみに、ドイツは一〇〇オクタンの航空ガソリンを使っていたが、戦争末期になり燃料事情が悪くなると八七オクタンにせざるを得なくなった。しかし、DB605等のエンジンは、八七オクタンでも動くように設計されており、さらにMW-50（水メタノール噴射装置）やGM-1（酸化窒素噴射装置）といったブーストシステムの効果で、低オクタンガソリンでも高性能を発揮することができた。この先見の明は、さすがは技術大国ドイツである。

日本で昭和一一年（一九三六年）に八七オクタンの航空ガソリン製造に成功したのは海軍で、九六式水添装置と呼ばれた。九六式は皇紀二五九六年を表す。その後、昭和一三年（一九三八年）には軽油・灯油を高温高圧下で水添・加鉛し九二オクタンとする技術（九八式水添装置）、石油分解ガスを九六式水添装置で処理、加鉛し一〇〇オクタンのガソリンとする技術が開発された。しかし、いずれの場合も、高温高圧を作り出す特殊鋼がネックになった。さらに、これを開発したのが海軍だったこともあり、これらの技術は軍機（軍機保護法による軍事上の秘密は、厳しい順に「軍機」、「軍極秘」、「極秘」、「秘」、「部

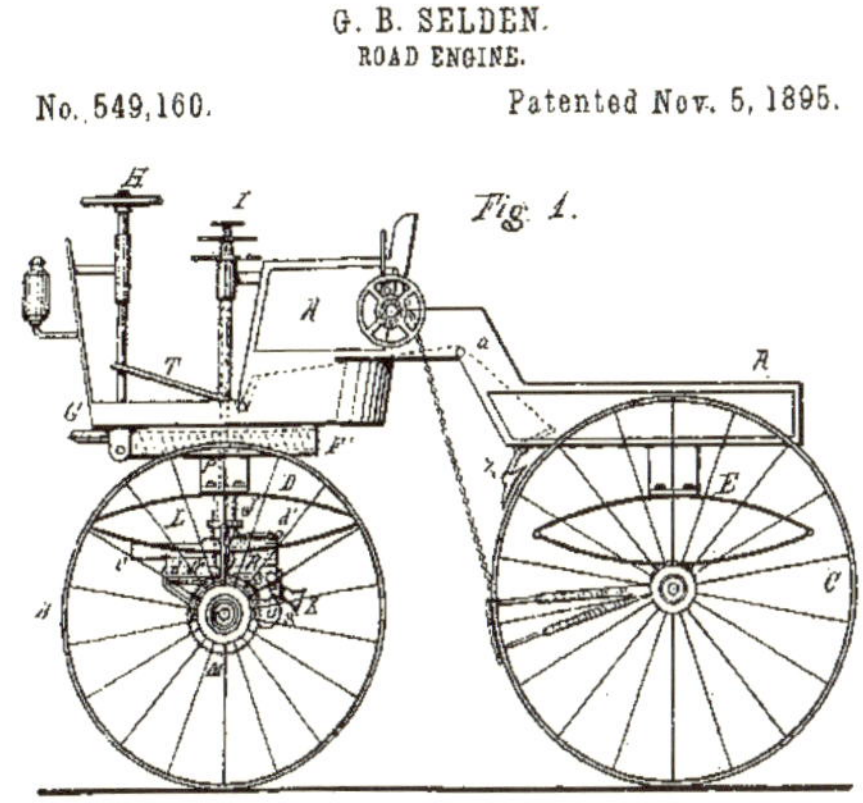

セルデン・モーター・バギー

ジョージ・ボールドウィン・セルデン

外秘」に別けられる）となって関係者以外には知らされることなく、外部、陸軍・民間の技術力をその発展に結びつけることはできなかった。

さて、産業界では、開発結果を全く秘密にしたらビジネスにはならないので、これに類することは特許申請による開発者の権利保護だろう。後述するルドルフ・ディーゼルの例は良い見本だが、自動車史の中にはとんでもない食わせ者もいる。それは、ジョージ・ボールドウィン・セルデンというアメリカ人で、一八七九年（明治一二年）に妙なバギー（セルデン・モーター・バギー）の特許を申請し、自らがガソリン・エンジン車の発明者であると主張した。

セルデン・モーター・バギーは全く走ることは

なかったが、この特許は一八九五年（明治二八年）に認可され、セルデンはこれを根拠に十数年間全米の自動車メーカーから特許使用料をゆすり取ったのだった。この男の特許が認可された一八九五年には約八〇台の自動車が存在し、五〇パーセントがガソリン・エンジン、一七パーセントが電気モーター、一三パーセントが蒸気機関だった。しかし、五年後の一九〇〇年（明治三三年）のアメリカでの自動車製造四一九二台の内訳は二〇パーセントがガソリン・エンジン、電気モーターと蒸気機関が各々四〇パーセントずつとなり、すっかりガソリン・エンジンの開発と製造は後退してしまった。セルデンの特許は、一九一一年（明治四四年）にニューヨーク最高裁判所が無効を宣言するまで続き、アメリカでのガソリン・エンジンの発展を大いに阻害したのだった。

海軍の閉鎖性と松根油迷走

帝国海軍というところは、非常に閉鎖的で秘守性が強い組織である。海軍の「海戦要務令」は「軍機」に指定され、自由に閲覧することもできず、その改正も適時に行われなかった。一方、陸軍の「作戦要務令」は、特殊な戦闘の要領（対ソ戦を想定）を示した第四部のみが「秘」扱いで、第一部～第三部は下士官兵に至るまで広く浸透していた。難解な文章の丸暗記、という無駄な苦労をさせただけだという批判もあるが、陸海を単純に比較した場合、どちらが要務令を活用していたかは明らかであろう。

日露戦争での勝利の一因は、下瀬火薬（黄色薬）の発明であるが、戦後、陸軍は市販書で「黄色薬はピクリン酸（トリニトロフェノール、急激に熱したり衝撃を加えたりすると爆発するので、圧縮したものを炸薬として使用する。黄色火薬のこと）である」と公表することを許可したのに、海軍は下瀬火薬がピクリン酸だとは決して認めようとしなかった。

もし、ビジネスでエンジンをＯＥＭ供給しているパートナーに対して、海軍並みの閉鎖性と秘守性を以って、五面図と性能曲線しか提供しなかったとしたら、まともな建設機械や発電機を作ることができるだろうか？　よしんば作ることができたとしても、万一、機械としての不具合が起きた場合、何の情報も開示しないでは、協力して問題解決に当たることはできないだろう。製品としての現物はあるのだし、競合相手も市場で買えば入手することは可能で、バラして徹底的に調査することもできる。パーツ・カタログを入手すれば設計変更の経歴も判るのである。やみくもに秘密にするのが益になると考えるのは大きな間違いであって、最低限のノウハウだけを自家薬籠中の物とし、そうでない部分は情報を共有化して共存共栄に役立てるべきだろう。

徴兵制によりだれもが営門をくぐる陸軍と、志願制による海軍の違いもあるのだろうが、国民に親しまれる努力をしたのは常に陸軍であり、隠そう隠そうとしたのが海軍であった。

話はそれるが、これは陸軍海軍が監修した国策映画を見ても明らかである。『燃ゆる大空』は、皇紀二六〇〇年、昭和一五年（一九四〇年）の陸軍省監修国策映画だが、劇中で平気で「夕空晴れて秋風吹き……」（スコットランド民謡）を歌い、飛行学校の散髪でバリカンが引っ掛かり、「軍人のくせに痛いなんて言うな」「軍人でも痛いものは痛い」という会話があるのは、ある種驚きである。

同じ国策映画でも、第二章で書いたように、海軍の『ハワイ・マレー沖海戦』では、海軍士官と予科練に入りたい従兄弟が歩きながら会話していて、「天皇陛下の……」と言った途端、海軍士官が直立不動になる。戦後の常識、日本陸軍と帝国海軍に対する誤ったイメージで育った人には、陸海が逆に見えるのではないだろうか？　この映画では、予科練の相撲で、「貴様は勝ったが、技で勝ったのは潔くない、力で勝つまで続けろ」と理不尽なことも押し付けている。『富士に誓ふ』（少年戦車兵学校のドキュメンタリー映画）とは大違いだ。

精神力を強調し、士官と兵を極端に差別した海軍と、兵と士官の垣根が低い陸軍は、戦後、サイレント・ネイヴィーの美名に隠れた帝国海軍のおかげで、まるで逆に思われている。陸軍は、戦闘機に愛称（一式戦闘機＝隼、二式単座戦闘機＝鍾馗、三式戦闘機＝飛燕、等）を付け、国民に知らしめる努力をしていたのに、秘密主義の海軍は、零戦、大和、武蔵の存在も知らせなかった。

零戦（ゼロ戦）が名無しの「海軍新鋭戦闘機」ではなく「零式艦上戦闘機」であると国民が知ったのは、なんと昭和二八年（一九五三年）になってからである。海軍が九六式、九八式水添装置を機密にせず、広く技術開発を求めたら、高オクタン価航空ガソリンの量産に成功していた可能性もあったのではあるまいか。

一方、アメリカでは、高温高圧下での工数の少ない、フードリー接触分解法（原油中の高沸点の重質炭化水素を、触媒を使って軽質炭化水素に転化する工法。軽油を原料として高オクタン価の接触分解ガソリンを製造することができる）を開発し、特殊鋼の使用を減らしていた。特殊鋼の技術を持たない日本がそのために苦労し、技術を持っていたアメリカは、それが不要とは言わないまでも、少ない使用で済むような技術を新たに開発する、という皮肉な追いかけっこである。オクタン価がどれだけ飛行機の性能に影響するか、四式戦「疾風」のテストデータがある。昭和一八年（一九四三年）九月の試作機でのテストでは、高度六四〇〇メートルで六二四キロの最高速度を記録した。これは九一オクタンの航空ガソリンによる。

戦後、フィリピンからアメリカにテストのため輸送された機体は、一四〇オクタンの航空ガソリンとアメリカ製のエンジン・オイル、スパーク・プラグを与えられ、高度六一〇〇メートルで六八九キロを記録した。一〇パーセントも最高速度が向上したのである。操縦性でもP51に優り、アメリカ軍をして第二次大戦日本機のナンバーワンとの折り紙を付けさせた。

南方からの原油輸送を閉ざされた日本は、石油政策を転換し、「南方石油資源の内地還送は考慮せず」とした。なにやら、近衛文麿の「爾後國民政府ヲ對手トセズ」と同じで、「そうしたら何か良くなるのか？」という内容が全くない、ただの宣言にしか見えない。そして、石油代替計画が策定され、昭和一九年（一九四四年）三月の駐独海軍武官から軍令部に送られた「ドイツでは松から採取した油で飛行機を飛ばしている」という電報がきっかけとなって、松根油《しょうこんゆ》フィーバーが始まった。

海軍は、「松根油からのガソリン製造は可能、松根の埋蔵量は七五〇万トンあり、採取できるガソリンは一〇〇万キロリットル（内地の年間消費量の三分の一）と推定される」と結論づけた。この計画に陸軍、内務省、農商省も加わって国家挙げての動員となったが、これで飛行機が飛んだという記録はない。なぜなら、松根を乾留して得られる粗油をさらに蒸留しても、ワニスやペイントの原料となるテレピン油が採れるだけで、これを高オクタンの航空ガソリンとするには、高温高圧下で接触水素添加しなければならない。原油から高オクタン価のガソリンを製造するのと同じネックがあるのである。

陸軍燃料廠は、海軍に半年遅れて、昭和一九年（一九四四年）末に松根油からの航空ガソリン製造研究に着手したが、固定床式接触分解装置を応用して昭和二〇年（一九四五年）六月に完成した試作品でも、自動車エンジンを始動させることすらできなかった。普通ガソリンで始動し、途中から松根油ガソリンに換えるのがやっとだった。それも、運転後に普通ガソリンでエンジン洗浄しておかないと、次には始動することもできなくなった。これが一日当たり九〇万人を動員し、二三万トンの松根を採掘した結果だったのである。

第二次大戦末期、ドイツとイギリスはジェット戦闘機を実用化した。毎分八〇〇〇～一万回転以上で回るタービン・エンジンには、耐熱性の材料と高度な加工技術が要求される反面、燃料はレシプロ・エンジンのように高オクタン価のガソリンは必要ない。燃焼ガスのエネルギーが直接推力になるのであるから、アンチ・ノック性の高い燃料は必要なく、今の民間機はほとんど灯油と同じケロシン、空軍機は通常のガソリンにそれぞれ添加剤を加えたものである。

皮肉なことに、高度な技術が求められる高オクタン価ガソリンの製造を必死になって研究していた日本は、低質油でも回るジェット・エンジンを実用化することもまたできなかった。今の日本の技術レベルからは想像もできないことだが、これらは全て特殊鋼の製造と加工技術が遅れていたことに起因するのである。

基幹の技術、あるいは業務をないがしろにし、他部署の協力も求めず、高級幕僚の精神主義で猪突する、帝国海軍のような風土は、まだ日本のどこかに残っているのではないだろうか。

技術環境変化が開発者とユーザーに強いるムリとムダ

一九八〇年代後半、まだパソコンがDOS-V機一色になる前、日本にはNECのPC-9800、シャープのX68000、富士通のFM TOWNSといった独自OSで動く機種があった。なかでも、ＦＭ　ＴＯＷＮＳは、当時ＣＤ‐ＲＯＭドライブを備えた唯一のＡＶパソコンで、筆者も家と会社で愛用していたものである。

ＴＯＷＮＳ　ＯＳ上でＷｉｎｄｏｗｓ３・１も動くが、当時、大抵のソフトは各社それぞれのＯＳ専用になっていた。ＦＭ　ＴＯＷＮＳはそのＡＶ機能により教育現場でも多数使われて、これが初めて触れたパソコンだという人も少なくない。

しかし、ＡＶ機能を持つと言っても、専用のＯＳ上でしか動かない、また、当時のＣＰＵの速度では、ストレスを感じないレベルで画像処理をするのは非常に困難であったと思われる。実際、ゲームでもそのコマ送りのような動きで非常にストレスを感じたものである。むしろファミコンのほうが速く感じたくらいだ。

だが、ＣＤを媒体に使ってＡＶ機能を充実させようとした技術者の苦労は大変なものだったに違いない。また、ＣＰＵの問題だけではなく、再生しかできず、記録することができない、すなわちＣＤライターというハードとソフト、ＣＤ‐Ｒという媒体もこの時代にはなく、ＡＶ機能も他社を圧倒するまでには至らなかった。

その後、Ｗｉｎｄｏｗｓ95発売によるＤＯＳ‐Ｖ機の普及という環境変化から、平成七年（一九九五年）にＦＭＶ　ＴＯＷＮＳというＦＭＶをモード切り替えでＴＯＷＮＳとする機種が発表された。これは、エミュレーションで動くので、素人考えでも非常に複雑なシステムではないかと思う。これまた、開発者には大変な苦労だったのではないだろうか。しかし、PC／AT互換機への流れはどうしようもなく、専用OSのための新規ソフトは発売されず、各社の専用OSモデル同様、消えていくことになる。筆者もPC／AT互換機に買い替え、TOWNS　OS用ソフトは全てゴミになってしまった。

世の中ほとんどがDOS-V機になったいま、各社の技術はそれぞれの独自OSの範囲内での開発ではなく、文字通り同じ言語の上を走らせることができるものになった。これはこれで、以前とは違った形の「競争」なのだと思うが、水添技術を抱え込んで広く開発を求めなかった海軍と同じで、独自OSの進化にはやはり限界があったのではないだろうか。

また、この日本独自のPCの例は、何とかPC／AT互換機に頼らずに同等以上の性能を持たせようというハード・ソフト両面の努力（ハイオク・ガソリン、松根油の製造）が、結局はWindows95という超強力なOS（ジェット・エンジン）を持ったPC／AT互換機に屈したように思えなくもない。この超強力なOSは、マイクロソフトの基礎技術が高かったから生まれたものであろう。結局、高い普遍性を持った基礎技術があっという間に外堀も埋めてしまい、それに対応するハードとソフトばかりになって、専用ＯＳへのそれらの提供が閉ざされてしまったのだ。

技術を抱え込んで成功するか、広めて成功するか、は紙一重だ。技術進歩、市場と顧客のニーズの変化を敏感に感じ取る感性と、指導者の決心が必要である。ディーゼル・エンジンを発明したルドルフ・ディーゼルが特許を取っても、世の中の役に立てようと十数社にライセンスを供与したのはその例だろう。

しかしながら皮肉にも、一九一三年（大正二年）九月二九日、ベルギーのアントワープからイギリスのハーウィッチへ向かう客船ドレスデン号からルドルフ・ディーゼルが失踪し、約一〇日後に水死体で見つかった事件は、イギリス海軍に潜水艦用ディーゼル・エンジンの技術が洩れるのを恐れた、ドイツ情報部による暗殺ではないかと言われている。

ルドルフ・ディーゼル

二〇年以上も前の話だが、いすゞ自動車が「急速充電でき、可塑性を持った、すなわちどんな形にでもできる、蓄電体を開発した」と発表したことがある。その後、実用化できた話を聞いていないが、この時、どのような基準で選んだものか、社内から若手中心にメンバーを集めて用途を考えるブレーン・ストーミングをしたらしい。筆者は参加していないが、参加者の話では、身の回りで電池を使ったものしか挙がらなかったそうだ。

筆者なら、「急速充電でき」、「可塑性があり」、かつ「たとえ高価でも、そのメリットと釣り合えば買ってもらえる」という三つの条件から、真っ先に思い浮かぶには、通常動力型のディーゼル・エレクトリック潜水艦用の電池だ。レーダーに探知される恐れのあるシュノーケル航行をミニマイズして急速充電できるなら、原子力潜水艦より静粛性に優れるメリットがある通常動力型潜水艦にはもってこいではないか。もし、筆者がこのブレーン・ストーミングに参加していたら、今頃は、いすゞの電池を積んだ海上自衛隊潜水艦隊ができていたかも知れない。それは冗談として、新しい技術は業種の壁を越えて広く用途を求める必要があるだろう。どこかに思いもよらぬ瓢箪から駒があるかも知れないのだ。

３Ｍのポストイットも、一九六九年（昭和四四年）に強力な接着剤を開発中に、非常に弱い接着剤ができてしまい、用途もないまま放置されていたが、五年後に別の研究員が「本の栞にできないか」と思いついた。一九七七年（昭和五二年）に試作品が完成、テスト販売では苦戦したが、大企業の秘書課にサンプル配布された試供品が好評で一九八〇年（昭和五五年）には全米で発売されるに至った。

同様の例はジュラルミンにも見られる。ケルンの西、アーヘンとの間のデューレンにあったデューレナー・メタル・ヴェルケAGがジュラルミンを生んだ会社である。正確には、ここの技術者だったアルフレート・ヴィルムが発見し、その特許を研究所から買い取り、デューレナー・メタル・ヴェルケAGはヴィルムからライセンスを得て生産を行う、という形になっていた。

ジュラルミンは、アルミニウムに銅四パーセント、マグネシウム〇・五パーセント、マンガン〇・五パーセントを混ぜた三元合金である。その元となった、銅四パーセントを混ぜて摂氏五二四度まで熱し急冷した合金は、かなりの強度と伸びるという特性を持ったアルミ合金だった。「強いアルミニウム合金」というニーズは、真鍮製の薬莢を軽くし、兵士が携行できる弾丸数を増やすことにあった。しかし、銅だけを混ぜたアルミ合金ではまだ強度不足だった。ヴィルムは、マグネシウムを添加するとアルミニウムの特性が変化することを知っていたので、〇・二五パーセントから〇・五パーセントまで少しずつ添加量を変えて実験していった。そして銅四パーセントとマグネシウム〇・五パーセントを混ぜたアルミニウムを熱処理し急冷して硬度を測ったところ、熱処理前より柔らかくなってしまっていた。失望してそのまま室温で数日放置していたが、改めて念のため硬度を測ったところ、著しく強度が増し、伸びも充分にあって、鋼に近くなっていた。この現象は、この当時、全く知られていなかった、時効硬化（時間とともに硬くなる）であった。こうして、デューレンのアルミニウム、ジュラルミン（デュラルミン）が完成したのだった。

こういった、偶然から大発明を生むことを「Serendipity（偶察力）」というが、柔軟な発想力が成功のカギとなるだろう。指導者は、技術に明るいに越したことはないが、生半可な知識を振りかざして現場（研究・生産を含む）に干渉するのは慎むべきである。現にヴィルムの上司だった研究所長は、あてにならぬマグネシウムの添加実験を止めさせようとしていたのだった。もしそこでヴィルムが研究を止めていたら、全金属製機の開発を行っていたユンカース教授は、鉄製飛行機を作っていたかも知れない。

＊本文中に掲載されている写真について出典が示されていないものは、ウィキペディアからの画像を使用しています。

参考文献

書名	著者	出版社
INSIGNIA of WORLD WAR II	Leslie McDonnell	Chartwell Books, Inc.
The Japanese Army 1931-45 Vol. 1 & 2	Philip Jowett & Stephen Andrew	Osprey Publishing
The German Army 1939-45 Vol. 1 - 5	Nigel Thomas & Stephen Andrew	Osprey Publishing
German Commanders of World War II	Anthony Kemp & Angus McBride	Osprey Publishing
German Commanders of World War II Vol. 1 & 2	Gordon Williamson & Malcolm McGregor	Osprey Publishing
The SA 1921-45: Hitler's Stormtroopers	David Littlejohn & Ronald Volstad	Osprey Publishing
The Allgemeine-SS	Robin Lumsden & Paul Hannon	Osprey Publishing
The Waffen-SS	Martin Windrow & Jeffrey Burn	Osprey Publishing
Waffen-SS Soldier 1940-1945	Bruce Quarrie & Jeffrey Burn	Osprey Publishing
Ardennes 1944 Peiper & Skorzeny	Jean-Paul Pallud, David Parker & Ronald Volstad	Osprey Publishing
Kursk 1943 The Tide Turns in The East	Mark Healy	Osprey Publishing
Flags of The Third Reich 1: Wehrmacht	Brian L Davis & Malcolm McGregor	Osprey Publishing
Flags of The Third Reich 2: Waffen SS	Brian L Davis & Malcolm McGregor	Osprey Publishing
Japanese Army Air Force Aces 1937 - 45	Henry Sakaida	Osprey Publishing
Imperial Japanese Navy Aces 1937 - 45	Henry Sakaida	Osprey Publishing
WORLD WAR II, The Encyclopedia of the War Years, 1941-1945	Norman Polmar and Thomas B. Allen	Random House, Inc.
The Tank Museum Exhibition Guide	Tank Museum Bovington	Tank Museum Bovington

Royal Air Force Museum Guide　Dr. Michael A Fopp　The Royal Air Force Museum
The United States Air Force Museum Official Guide　The Unitef States Air Force Museum
VICTORY MEMORIAL MUSEUM Arlon Official Guide　Victory Memorial Museum
戦闘機対戦闘機　三野正洋　朝日ソノラマ
［詳解］日本陸軍作戦要務令　熊谷直　朝日ソノラマ
兵器進化論　野木恵一　イカロス出版
いすゞディーゼル技術50年史　いすゞディーゼル技術50年史編集委員会　いすゞ自動車株式会社
戦争論　クラウゼヴィッツ著、篠田英雄訳　岩波書店
日vs.米陸海軍基地　歴史群像　太平洋戦史シリーズ28　学習研究社
戦車と砲戦車　歴史群像　太平洋戦史シリーズ39　学習研究社
戦場の衣食住　歴史群像　太平洋戦史シリーズ35　学習研究社
日本軍隊用語集　寺田近雄　学研パブリッシング
太平洋戦争のロジスティクス　日本軍は兵站補給を軽視したか　林譲治　学研パブリッシング
日本軍の敗因「勝てない軍隊」の組織論　藤井非三四　学研パブリッシング
軍事学入門　防衛大学校・防衛学研究会編　かや書房
日本陸軍史　生田惇　教育社
日本海軍史　外山三郎　教育社
自動車の世界史　エリック・エッカーマン著　松本廉平訳　グランプリ出版

参考文献

日本自動車史年表　GP企画センター編　グランプリ出版
欧米日・自動車メーカー興亡史　桂木洋二　グランプリ出版
戦車メカニズム図鑑　上田信　グランプリ出版
爆撃機メカニズム図鑑　鴨下示佳　グランプリ出版
戦闘機メカニズム図鑑　鴨下示佳　グランプリ出版
兵器メカニズム図鑑　出射忠明　グランプリ出版
国民の知らない昭和史　境屋太一、福川秀樹、荒巻義雄ほか　KKベストセラーズ
日本兵器総集　「丸」編集部編　光人社
陸軍〝めしたき兵〟奮戦記　「丸」編集部編　光人社
ドイツ戦闘機開発者の戦い　飯山幸伸　光人社
決戦機　疾風　航空技術の戦い　碇義朗　光人社
戦闘機「飛燕」　技術開発の戦い　碇義朗　光人社
戦闘機「隼」　昭和の名機その栄光と悲劇　碇義朗　光人社
幻の戦闘機　碇義朗　光人社
航空テクノロジーの戦い　碇義朗　光人社
戦闘機入門　碇義朗　光人社
日本の軍事テクノロジー　碇義朗ほか　光人社
陸軍燃料廠　石井正紀　光人社
石油技術者たちの太平洋戦争　石井正紀　光人社
技術中将の日米戦争　石井正紀　光人社
陸軍員外学生　東京帝国大学に学んだ陸軍のエリートたち　石井正紀　潮書房光人社

帝国陸軍の最後　伊藤正徳　光人社
軍閥興亡史　伊藤正徳　光人社
日本陸軍とヒューマニズム　楳本捨三　光人社
間に合わなかった軍用機　大内建二　光人社
輸送船入門　大内建二　光人社
護衛空母入門　大内建二　光人社
陸軍大将 山下奉文の決断　太田尚樹　潮書房光人社
日本陸軍英傑伝　将軍　暁に死す　岡田益吉　光人社
日本の傑作機　小川利彦　光人社
戦時用語の基礎知識　北村恒信　光人社
陸軍兵器発達史　木俣滋郎　光人社
戦車戦入門　木俣滋郎　光人社
幻の秘密兵器　木俣滋郎　光人社
日本の軍隊ものしり物語　熊谷直、　光人社
ドイツ戦車発達史　齋木伸生　光人社
異形戦車ものしり大百科　齋木伸生　光人社
陸軍歩兵よもやま物語　斎藤邦雄　光人社
「風船爆弾」秘話　櫻井誠子　光人社
架空戦記　日本本土上陸戦　桜井英樹　光人社
日本海軍英傑伝　日本海軍人物太平洋戦争　実松譲　光人社
小銃・拳銃・機関銃入門　佐山二郎　光人社
機甲入門　佐山二郎　光人社

参考文献

工兵入門　佐山二郎　光人社

日本陸軍の傑作兵器駄作兵器　佐山二郎　光人社

サイパン戦車戦　戦車第九連隊の玉砕　下田四郎　光人社

風船爆弾　最後の決戦兵器　鈴木俊平　光人社

関東軍特殊部隊　鈴木敏夫　光人社

関東軍風速0作戦　鈴木敏夫　光人社

軍用自動車入門　高橋昇　光人社

日本陸軍の秘められた兵器　高橋昇　潮書房光人新社

ジェット戦闘機入門　立花正照　光人社

戦車隊よもやま物語　寺本弘　光人社

新兵サンよもやま物語　富沢繁　光人社

兵隊よもやま物語　富沢繁　光人社

軍用機開発物語　土井武夫ほか　光人社

陸軍潜水艦　潜航輸送艇㋴の記録　土井全二郎　光人社

日本戦車開発物語　土門周平　光人社

激闘戦車戦　鋼鉄のエース列伝　土門周平、入江忠国　光人社

本当の潜水艦の戦い方　中村秀樹　光人社

たんたんたたた　機関銃と近代日本　兵頭二十八　光人社

最強部隊入門　藤井久ほか　光人社

なぜ日本陸海軍は共同して戦えなかったのか　藤井非三四　光人社

写真で見る日本陸軍兵営の生活　藤田昌雄　光人社

写真で見る日本陸軍兵営の食事　藤田昌雄　光人社

零戦の遺産　堀越二郎　光人社
日本軍の小失敗の研究　三野正洋　光人社
続・日本軍の小失敗の研究　三野正洋　光人社
陸軍よもやま物語　棟田博　光人社
陸軍いちぜんめし物語　棟田博　光人社
山下奉文正伝　安岡正隆　光人社
憲兵よもやま物語　山内一生　光人社
ジェット戦闘機Ｍｅ２６２　渡辺洋二　光人社
空のよもやま物語　わちさんぺい　光人社
信濃！　日本秘密空母の沈没　Ｊ・Ｆ・エンライト　Ｊ・Ｗ・ライアン著　高城肇訳　光人社
海軍こぼれ話　阿川弘之　光文社
日本の名機　海軍文庫監修　光文社
第二次大戦・アメリカ戦闘機　ワールドフォトプレス編　光文社
皇軍兵士の日常生活　一ノ瀬俊也　講談社
日本軍と日本兵　一ノ瀬俊也　講談社
マン・アンド・マシン　飛行機と車に挑んだ人びと　佐貫亦男　講談社
昭和陸軍全史　川田稔　講談社
大車林　自動車情報事典　三栄書房
陸海軍戦史に学ぶ負ける組織と日本人　藤井非三四　集英社
図説　帝國陸軍　森松俊夫監修、太平洋戦争研究会編著　翔泳社

参考文献

図説　帝國海軍　野村実監修、太平洋戦争研究会編著　翔泳社
第2次世界大戦全戦線ガイド　青木茂　新紀元社
兵隊たちの陸軍史　伊藤桂一　新潮社
武器と爆薬：悪夢のメカニズム図解　小林源文　大日本絵画
皇紀・万博・オリンピック　古川隆久　中央公論社
補給戦　何が勝敗を決定するのか　マーチン・ファン・クレフェルト著、佐藤佐三郎訳　中央公論新社
戦争概論　アントワーヌ・アンリ・ジョミニ著、佐藤徳太郎訳　中央公論新社
秋山真之　戦術論集　戸高一成編　中央公論新社
歴代陸軍大将全覧　半藤一利、横山恵一、秦郁彦、原剛　中央公論新社
歴代海軍大将全覧　半藤一利、横山恵一、秦郁彦、戸高一成　中央公論新社
昭和陸軍の軌跡　永田鉄山の構想とその分岐　川田稔　中央公論新社
山・動く　W・G・パゴニス、佐々淳行監修　同文書院インターナショナル
海軍おもしろ話　生出寿　徳間書店
誰も書かなかった日本陸軍　浦田耕作　PHP研究所
日本陸軍がよくわかる事典　太平洋戦争研究会　PHP研究所
日本海軍がよくわかる事典　太平洋戦争研究会　PHP研究所
パールハーバーの真実　兵藤二十八　PHP研究所
技術戦としての第二次世界大戦　兵頭二十八、別宮暖朗　PHP研究所

戦術と指揮　松村劭　PHP研究所
もっと知りたい　日本陸海軍　熊谷直　芙蓉書房出版
陸軍登戸研究所の真実　伴繁雄　芙蓉書房出版
国際人になるための初級軍事学講座　福川秀樹　芙蓉書房出版
50年目の「日本陸軍」入門　歴史探検隊　文藝春秋
日本の名機１００選　木村秀政、田中祥一　文藝春秋
戦艦武蔵　吉村昭　新潮社
戦艦武蔵ノート　吉村昭　文藝春秋
孫子の兵法　守屋洋　三笠書房